W0264069

VERSTÄNDLICHE WISSENSCHAFT

ACHTUNDACHTZIGSTER BAND

SPRINGER-VERLAG

BERLIN · HEIDELBERG · NEW YORK

INSEKTENSTIMMEN

S. L. TUXEN

1.—6. TAUSEND

MIT 89 ABBILDUNGEN

SPRINGER-VERLAG

BERLIN · HEIDELBERG · NEW YORK

Herausgeber der Naturwissenschaftlichen Abteilung:
Prof. Dr. Karl v. Frisch, München

S. L. TUXEN
Privatdozent, Dr. phil.
Universitetets Zoologiske Museum, Kopenhagen

ISBN 978-3-642-87107-8   ISBN 978-3-642-87106-1 (eBook)
DOI 10.1007/978-3-642-87106-1

Titel der dänischen Originalausgabe:
Insekt-Stemmer

First Impression 1964. Rhodos-International
Science Publishers, Kopenhagen
© der deutschen Ausgabe: Springer-Verlag Berlin-Heidelberg
1967
Softcover reprint of the hardcover 1st edition 1967
Library of Congress Catalog Card Number 66-22 464

Titel-Nr. 7221

Vorwort

Der Gesang der Insekten ist uns vor allem durch das Singen der Heuschrecken bekannt. Man wird mehr und mehr davon fasziniert und bezaubert, je mehr man sich darin vertieft. Nicht weil dieser Gesang sehr schön ist; man freut sich nicht über ihn, wie man sich über den Vogelgesang freut, denn er ist ohne musikalische Qualitäten. Zwar hat ein amerikanischer Naturpoet über den Gesang einer Grille geäußert, wenn man Mondschein hören könnte, möchte es derart lauten; die meisten aber wollen sicher lieber Apollon mit dem dänischen Dichter Vilh. Bergsøe einen Lobgesang widmen, hat er doch unsere dänischen Buchenwälder von dem Lärmen der Zikaden verschont. Nein, das Bezaubernde an diesem Stoff ist die logische Konsequenz, mit der er sich den vielseitigen Untersuchungen, denen man ihn in den letzten Jahrzehnten ausgesetzt hat, sozusagen anpaßt. Nimmt man den Insektengesang als Ausgangspunkt, so erhält man Einblick in die allermodernsten Untersuchungsmethoden und Probleme im Rahmen der Anatomie, Biologie, Verhaltensbiologie, Elektrophysiologie, Akustik — und gleichzeitig lernt man vieles über die Insekten selbst.

Die Wissenschaft schreitet schnell vorwärts, ganz besonders innerhalb der Insekten-Akustik; seit dem Erscheinen des inspirierenden Buches von HASKELL, „Insect Sound", im Jahre 1961, das mich in die Problematik einführte, sind zahlreiche neue Beobachtungen gemacht und neue Ideen hervorgebracht worden. Mit dem vorliegenden kleinen Buch habe ich das Ziel, den Stoff so vielseitig wie möglich darzulegen und besonders das seither Erreichte zu beleuchten. Dieses Büchlein wendet sich an Zoologen, Entomologen, besonders an Studenten, an Lehrer und auch an die Schüler der oberen Klassen; man dürfte es aber auch ohne besondere Voraussetzungen lesen können. Doch werden die Abschnitte über das Gehör notwendigerweise etwas mehr vom Leser fordern.

Den Herren Dr. RICH. D. ALEXANDER, Prof. R.-G. BUSNEL und Dr. P. T. HASKELL bin ich für die Erlaubnis, ihre Originalfiguren zu benutzen, sehr dankbar.

Falls das Interesse für den Insektengesang, oder besser für sein Studium, ebenso verbreitet werden könnte wie das Interesse am Gesang der Vögel, oder falls nur irgend jemand einzelne der vielen noch ungelösten Fragen in Angriff nehmen wird, dann ist dieses kleine Buch nicht umsonst geschrieben. Viele Untersuchungen verlangen große Hilfsmittel; viele können aber unternommen werden, wenn man nur mit offenem Sinn, mit wachsamem Ohr und ein bißchen Kombinationsvermögen in die Natur hinausgeht.

Zoologisches Museum, Kopenhagen, 1. Juni 1964

S. L. TUXEN

VI

Vorwort zur deutschen Ausgabe

Die Übersetzung des Buches habe ich durch neue Ergebnisse erweitert, wie z. B. über Kleinzikaden (STRÜBING 1965), Termiten (HOWSE 1962—64), Bienen (v. FRISCH 1965), und vor allem über die Lautäußerungen der Schmetterlinge (BLEST et al. 1963—64, DUNNING u. ROEDER 1965, ROEDER 1965). Weiter habe ich das noch nicht veröffentlichte Manuskript über Frequenz-Unterscheidung von AXEL MICHELSEN, Kopenhagen, benutzen dürfen, wofür ich sehr dankbar bin. Seine Resultate werden vielleicht einige der in diesem Buch vertretenen Theorien unhaltbar machen. Hie und da habe ich auch kleine Änderungen im Text vorgenommen.

Für sprachliche Korrektur bin ich Dr. FRIDERUN ANKEL, Zürich, herzlichen Dank schuldig.

Kopenhagen, 1. Dezember 1965

S. L. TUXEN

Inhaltsverzeichnis

Insektenstimmen

Singen die Insekten?

Ja, was ist eigentlich Gesang? Wenn Donna Anna ihre Klage über den Tod des Komturs ausdrückt und Rache schwört über den frevelhaften Don Juan, dann zweifelt niemand daran, daß dies ein vollgültiger gesanglich-musikalischer Ausdruck ihrer Empfindungen ist. Wenn Brünhilde im 2. Akt der „Walküre" ihr Hojotoho-i singt, werden viele vielleicht meinen, wir seien dem Geschrei näher als dem Gesang, und doch ist auch dies ein vollgültiger gesanglicher Ausdruck der „kriegerischen" Seite von Brünhildens Wesen. Aber Gesang muß nicht „Kunstgesang" sein, etwas von einem Komponisten Gewolltes; im Volksgesang haben wir den unmittelbaren Ausdruck des musikalischen Menschen für die Stimmung, die ihn im Augenblick bewegt. Und „musikalisch" muß natürlich nicht allein unsere westliche Auffassung von Musik bedeuten; der Quartton-Gesang des Orients und die Gesänge der sogenannten „primitiven" Völker sind in gleicher Weise der Ausdruck einer musikalischen Gesinnung.

Aber was heißt es dann, musikalisch zu sein? Und warum singt man? Eine objektive Definition vom Musikalischen, von der Musikalität, ist bis jetzt kaum gelungen, weil wir notwendigerweise unsere eigenen seelischen Erfahrungen als Grundlage nehmen müssen. Selbstverständlich bedarf es vor allem einiger Eigenschaften des Gehörs, aber auch diese sind mehr psychischer als physiologischer Natur: der Musikalische muß Töne auseinanderhalten können, muß Harmonien unabhängig von den einzelnen Tönen auffassen können, muß imstande sein, Rhythmen festzuhalten. Es ist aber charakteristisch, daß man absolutes Gehör, also das Vermögen, einen einzelnen Ton wiederzuerkennen und in der Erinnerung festzuhalten, haben kann, ohne besonders musikalisch zu sein. Vielleicht ist in der Tat, wie einmal ausgesprochen wurde, das beste Kriterium für Musikalität, daß man eine Melodie transponieren und in einer anderen Tonhöhe erkennen und wiedergeben kann. Auch die Frage, warum man singt, muß mit psychischen Worten beantwortet werden: innere Stimmungen von Freude, Leid, Furcht, Jubel usw. finden Ausdruck im Gesang. Und müßte man den Gesang charakterisieren, man täte es wohl durch seine Melodie, seinen Rhythmus und seine Wiederholung des Motivs oder der Motive.

So betrachtet müssen wir feststellen, daß die Poeten berechtigt gewesen sind, vom Vogelgesang zu sprechen, wie sie es durch Jahrtausende getan haben. Wir können das Hörvermögen der Vögel mit Hinblick auf die Unterscheidung der einzelnen Töne und Rhythmen, ja sogar Harmonien untersuchen, wir wissen, daß sie Melodien lernen und sie in anderen Tonhöhen wiedererkennen können, und wir können auch nach und nach die „Stimmungen" entdecken, die die Vögel zum Singen veranlassen. Es sind wohl weniger die oben erwähnten geistigen Stimmungen als vielmehr sexuell-physiologische Ursachen; dies sind jedenfalls die Voraussetzungen, die wir eher „messen und wiegen" können, ohne daß wir deshalb gänzlich dem Frühlingsjubel der Vögel die Romantik nehmen müssen.

Aber nun die Insekten? Ja, hier ist allerdings jede Romantik verschwunden, nichts „Geistiges", nichts Verborgenes haftet an den Stimmungen, die sie zum „Singen" veranlassen, und in der Tat ist auch wenig übrig von den Eigenschaften, die wir normalerweise mit einem Gesang verbinden. Vor allem ist keine Melodie darin, doch in vielen Fällen ein unverkennbarer Rhythmus, obwohl es uns Menschen schwerfällt, ihn festzuhalten. Und das hängt wiederum damit zusammen, daß ihr Hörvermögen, oder eher ihr Unterscheiden des Gehörten, so ganz anders ist als das unsrige.

Wenn man deshalb davon reden hört, daß die Tropennacht vom Gesang der Insekten voll sei, oder die Luft erfüllt vom Singen der Heuschrecken über einer Wiese an einem heißen Sommertag, so sind dies poetische Ausdrücke für Lautäußerungen, die nichts mit Gesang und Musik zu tun haben, Ausdruck aber für Lautäußerungen, die in unendlicher Mannigfaltigkeit Mitteilungsmittel unter lebenden Wesen sind, und die deshalb mit größerem Recht Stimmen genannt werden können. Im Titel zum vor-

liegenden Buche habe ich denn auch vorgezogen, das Wort
Insekten-Stimmen zu gebrauchen; aber in Jahrhunderten, Jahrtausenden hat man vom Gesang der Insekten gesprochen, die alten
Griechen konnten dabei ganz lyrisch werden, so will auch ich
nicht dogmatisch sein, sondern im folgenden das Wort Gesang
gebrauchen, jetzt wo mein Leser seine Begrenzung kennt.

Übrigens ist es nicht herabsetzend gemeint, wenn ich sage,
daß es nicht Gesang ist, was die Insekten leisten; ihre Lautäußerungen sind in ihrer unendlichen, obzwar für uns nicht
immer hörbaren Variabilität ebenso erregend und ebenso aus-
drucksvoll wie die der Vögel. Und dabei ist unsere Kenntnis
um die meisten Insekten-Stimmen noch in den Kinderjahren;
es ist ein Gebiet, das die letzten 15—20 Jahre zu fast explosions-
artiger Entwicklung gebracht haben, besonders weil die Technik
der Akustik in diesen Jahren so enorm verbessert worden ist.
Und so ist dies auch ein Gebiet, wo unendlich viel Neues erwartet werden kann. Dies kleine Buch kann bei weitem nicht alles
erwähnen, was man jetzt weiß, geschweige denn, was man nicht
weiß; aber es will versuchen, einen Eindruck von den Problemen
zu geben, und ich möchte deshalb mit einem der am besten untersuchten Tiere beginnen, nämlich mit der Grille.

Ein Spielmann und sein Instrument

Daß die Grille „am Herde" lebt, wissen wir alle aus der
beliebten Dickens-Erzählung, wo es auch heißt, daß sie „eine
gellende, scharfe, durchdringende Stimme hat, die in ihrem
Höhepunkt begleitet wird von einem kleinen unbeschreiblichen
Zittern und Beben". Dickens regt dieser Gesang zu seltsamen
Märchen an, aber auch wir anderen, mehr Nüchternen, können
uns ganz unmittelbar freuen, sie zu hören, jedenfalls dann und
wann.

In früheren Zeiten wurde sie ausschließlich in Häusern gehört; in den letzten 20 Jahren hört man sie aber, jedenfalls in
Dänemark, auch an Abfuhrstätten und in Gärten. Dann rufen
die Leute das Zoologische Museum in Kopenhagen an und erzählen, es seien Singzikaden in ihrem Garten, und die Enttäu-
schung ist auf beiden Seiten gleich groß, wenn es sich zeigt, daß

es sich „nur" um Grillen handelt. Und doch ist der Gesang der Grillen weit angenehmer anzuhören als das aufdringliche, anhaltende Schreien der Zikaden.

Abb. 1. Das Heimchen. Orig.

Viele haben Grillen gehört, wenige haben sie gesehen. „Die Grille am Herd" ist eine Hausgrille, das Heimchen, *Acheta domestica*. Sie ist recht häufig, bräunlich von Farbe und ein paar Zentimeter lang. Die Vorderflügel verdecken den Hinterleib nicht ganz, so daß die schlanken Spitzen der Hinterflügel hinten unter ihnen hinausragen. Wenn wir nach Süd-Deutschland kommen,

und vor allem in die Alpen und nach Italien, dann hören wir Tag
und Nacht im Freien Grillengesang; die Stimmung der grünen
Auen der Berge ist von ihm geprägt. Es handelt sich aber hier
um eine verwandte Form, um die Feldgrille, *Gryllus campestris*;
sie ist plumper als die Hausgrille, Kopf und Vorderbrust breiter
und dabei kohlrabenschwarz. Ein kleiner Feldgrillen-Bestand
kommt übrigens noch auf der dänischen Insel Bornholm vor.
Der Gesang der beiden genannten Arten hat viele Ähnlichkeiten,
und im nördlichen Nord-Amerika kommen andere Arten der
Gattung *Acheta* vor, deren Gesang etwa dasselbe Gepräge hat;
sie werden im folgenden durch die Bank erwähnt werden.

Über die Feldgrille und ihren Gesang müssen wir ganz neben-
bei etwas Merkwürdiges berichten: wenige Tage im Jahre ist sie
Gegenstand eines unerklärlichen „Kultes". Es ist in Florenz,
und zwar in den Tagen um Himmelfahrt, der Tag selbst ist

Abb. 2. In Florenz kauft man am Himmelfahrtstage Feldgrillen in kleinen
Käfigen. Verf. phot.

la festa del grillo, das Fest der Grille, und Tage vorher fahren Straßenhändler kleine Wagen mit Kästchen umher; die Kästchen sind voll von Grillenmännchen, die die Leute mitsamt einem Käfig für wenig Geld erstehen. Dann hängt man den Käfig vor das Fenster hinaus, sich und anderen zur Freude an dem Gesang. Daß der Tag in Florenz von Gaukeleien aller Art geprägt ist, ist begreiflich, es ist ja ein Freudentag; was aber die Grille dort zu tun hat, hat mir bis jetzt niemand recht verständlich machen können.

Wir müssen nun vorerst ein wenig nachforschen, wie die Grille überhaupt Laute von sich geben kann. Betrachten wir sie, während sie singt, dann bemerken wir, daß ihre Flügel ein wenig über die Normalstellung erhoben sind, auch daß wir sie nicht ganz scharf sehen können. Und das ist begreiflich, denn es sind die Flügel, mit denen sie „singen" oder eigentlich spielen.

Die Flügeldecken, das erste Flügelpaar, liegen über dem Hinterleib, nicht wie ein Dach, wie bei so vielen Insekten, sondern eher flach, und biegen an den Seiten in einem scharfen, fast rechten Winkel ab. Bei den Grillen liegt fast immer die rechte über der linken Flügeldecke. In beiden Flügeldecken ist eine der Flügeladern (die 1. Analader) zu einer Feile, der sogenannten Schrillader, umgebildet, und die Kante der Flügeldecke ist verdickt: sie bildet die sogenannte Schrillkante („file" and „scraper" der Engländer). Wenn nun diese Schrillkante, auch *Plektrum* genannt, über die geriefte Fläche oder die Feile (die man auch als *pars stridens* bezeichnet) gerieben wird, dann entsteht ein Laut mit mehr oder weniger bestimmter Frequenz, ein Ton. Die Frequenz ist die Anzahl der vollen Schwingungen pro Sekunde. Einen solchen Apparat nennt man einen Stridulationsapparat, und man sagt, das Tier striduliere, wenn es sich dessen bedient.

Solche Stridulationsapparate sind bei den Insekten äußerst verbreitet, wie übrigens auch bei anderen Gliedertieren. Die Gliedertiere sind ja unter anderem durch ihren Hautpanzer gekennzeichnet, der aus mehr oder weniger hartem Chitin gebildet ist, mehr oder weniger sklerotisiert, wie man sagt. Während das Stützelement des Wirbeltierkörpers das innere Skelett ist, an das die Weichteile geheftet sind, ist dies bei allen Gliedertieren gerade umgekehrt, also außer bei den Insekten auch bei Tausend-

füßlern, Spinnentieren und Krebstieren. Das Feste und Tragende
an ihnen ist ihr Hautskelett, das einen Panzer um die weichen
Teile bildet. Wenn ein Wirbeltier verfault, dann bleibt sein

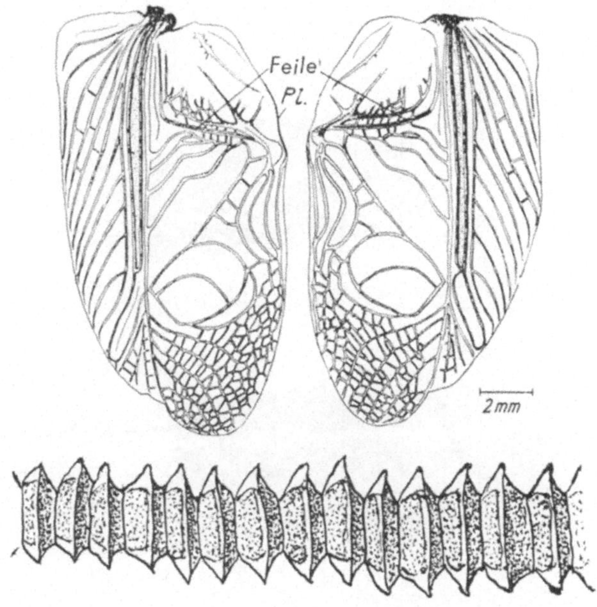

Abb. 3. Flügel einer Feldgrille. Pl. ist Plektrum, das auf der Feile spielt.
Nach Stärk. Unten die Zähne der Feile vergrößert. Orig.

Innenskelett erhalten, wenn ein Gliedertier verfault, ist es das
Innere, das verschwindet. Deshalb kann man in Sammlungen
Insekten im selben Zustande aufbewahren, als wenn sie lebend
wären.

Ein solcher Hautpanzer, der ja noch dazu gegliedert ist,
eignet sich vorzüglich zur Ausbildung von Stridulationsorganen.
Es ist gesagt worden, daß überall dort am Insektenkörper, wo
zwei Chitinteile gegeneinander gerieben werden können, bei
diesem oder jenem Insekt ein Stridulationsorgan ausgebildet ist.
Es ist unmöglich, auch nur annähernd alle diese Apparate in
dieser Übersicht zu beschreiben; nur einige werden später
genannt werden. Fürs erste halten wir uns hier an den der Grille.

Bei stärkerer Vergrößerung sieht die besagte Feile aus, wie
Abb. 4 es zeigt, besteht also aus einer Reihe parallel gestellter
Rippen, deren Seitenteile membranös sind, so daß sie frei schwin-
gen können. Wenn die Schrillkante diese Rippen anschlägt,

Abb. 4. Singende Feldgrillen. Oben Werbegesang, unten Rivalengesang.
Nach HUBER

werden sie in Schwingungen versetzt und geben einen Ton von
sich, genau wie eine Stimmgabel. Und wie der Ton einer Stimmgabel stärker klingt, wenn sie auf einen Tisch aufgesetzt wird, der
mitschwingt und so zum Resonanzboden wird, so werden auch die
Schwingungen der einzelnen Zähne der Feile von der ganzen
Flügelfläche, die in diesem Falle wie ein Resonanzboden wirkt,
verstärkt.

Wenn jetzt die Flügel übereinander gerieben werden, das
Plektrum also über die Feile, dann werden die Rippen regel-
mäßig angeschlagen. Das ergibt also eine bestimmte Anzahl
Anschläge pro Sekunde, und diese Anzahl kann so groß sein,

8

daß wir nicht mehr die einzelnen Anschläge, sondern das ganze als einen Ton hören. Wir müssen also zwei verschiedene Arten von Frequenz unterscheiden, die eigene Frequenz der Rippen oder Zähne, und die andere Frequenz, die durch die Anzahl der Anschläge pro Sekunde entsteht, die sogenannte *Zahnfrequenz*. Das Merkwürdige ist, daß diese beiden Frequenzen bei den Grillen gleich sind, bei den Heuschrecken dagegen ganz verschieden. Um dies zu verstehen, müssen wir ein wenig Schall-Theorie kennen, die der folgende Abschnitt bringen soll.

Gesang der Grille. Ein wenig Schall-Theorie

Ein Ton, wie übrigens jeder Laut, besteht bekanntlich aus Schwingungen, ein reiner Ton aus reinen Sinusschwingungen, die so genannt werden, weil ihre Ausschläge als Sinusfunktion der Zeit dargestellt werden können; man kann sie als eine Wellenbewegung abbilden. Abb. 5 zeigt oben eine solche Sinuswelle; da der Abstand zwischen den senkrechten Linien $^{1}/_{100}$ Sekunde (auch 10 Millisekunden genannt, 10 ms geschrieben) beträgt, kann man einfach 20mal 100 Schwingungen pro Sekunde zählen; man sagt, die Frequenz sei 2000 Hz, ausgesprochen Hertz (nach dem deutschen Physiker Heinrich Hertz, 1857—1894) oder 2 kHz (Kilohertz). Die Angelsachsen sprechen von c/s (oder cps), cycles per second, statt Hz.

Der maximale Ausschlag der Sinuswelle, nach oben oder nach unten, wird ihre Amplitude genannt und ist ein Maß für die Lautstärke. Im vorliegenden Fall hat der Ton eine konstante Amplitude, das aber muß nicht immer der Fall sein; die Größe der Ausschläge kann variieren, moduliert werden. Wie B in der Abbildung zeigt, kann der ursprüngliche Ton mit der Frequenz 2000 Hz von einer niedrigeren Frequenz überlagert werden, in diesem Falle 200 Hz. Man sagt dann, daß der ursprüngliche Ton, die *Trägerfrequenz*, mit der *Modulationsfrequenz* 200 Hz amplituden-moduliert worden sei. Die Variation der Amplitude der Trägerfrequenz kann groß oder klein sein; auch kann die Modulation so kräftig werden, daß die Amplitude der Trägerfrequenz zu bestimmten Zeiten gleich Null wird, wie C in der Abbildung es schematisch zeigt. Wenn die Modulation impulsartig wird, so kann die Trägerfrequenz für kürzere oder längere Zeitintervalle ganz verschwinden. D und E zeigen dies für verschiedene Impulslängen, aber stets mit der Modulationsfrequenz 200 Hz, nämlich der Anzahl von Impulsen pro Sekunde. Eine solche Modulationsform wird *Impulsmodulation* genannt.

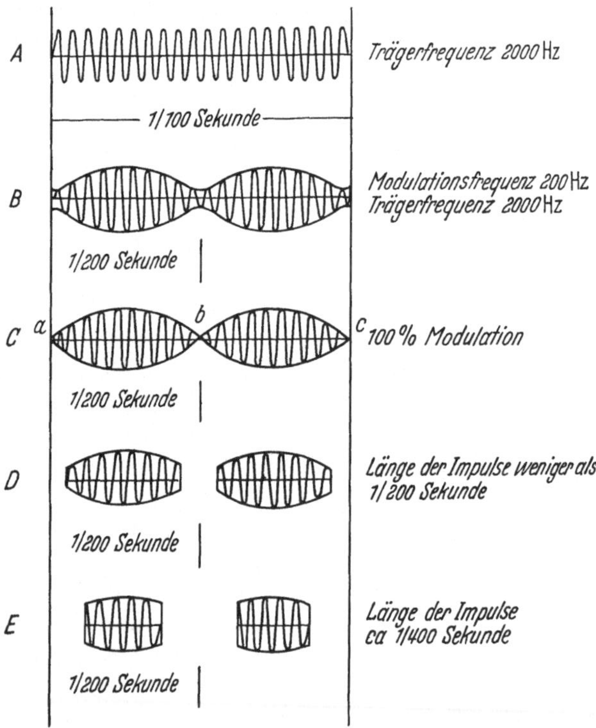

Abb. 5. Eine Schallwelle von 2000 Hz (die Trägerfrequenz) wird mit einer Modulationsfrequenz von 200 Hz moduliert (C). Die Dauer der Impulse kann kürzer oder länger sein (D, E). Nach Haskell

Für das menschliche Ohr werden die Abbildungen C, D, E gleich lauten, nämlich wie ein und derselbe Ton, wenn auch mit einem gewissen, schwer zu definierenden Unterschied in der Klangfarbe; aber das Insektenohr unterscheidet deutlich zwischen den in den drei Abbildungen wiedergegebenen Lauten, wie es später in Verbindung mit dem Gehör der Insekten erörtert werden wird. Was tun wir aber, wenn wir mit dem Ohr diese Unterschiede nicht definieren können und doch wissen, daß sie eine Rolle spielen?

Erst seitdem die Tontechnik uns die Möglichkeit gegeben hat, einen Ton oder einen Schall zu *sehen*, ist es möglich geworden, die Reaktion der Insekten wirklich „bio-akustisch" zu verstehen, erst seitdem beginnen wir, eine Ahnung davon zu erhalten, was es ist in den von den Insekten abgegebenen Lauten, das eine Rolle in ihrem Leben spielt. Früher mußte man sich damit begnügen, ihre Laute entweder allein durch die Tonhöhe zu beschreiben oder durch Angaben wie „zrp zrp" oder „zzzzz ... in fallender Tonhöhe" u. dgl.; jetzt können wir einen Laut durch ein Oszillogramm oder ein Sonagramm abbilden, und zwar folgendermaßen:

Abb. 6 zeigt ein sogenanntes Oszilloskop. Auf seinen inneren Bau soll hier nicht näher eingegangen werden; wesentlich ist aber, daß, wenn man den Strom von einem Mikrophon in den Apparat schickt, ein Bild seiner Schwingungen über den runden Schirm läuft (links oben). Man kann durch technische Vorrichtungen erreichen, daß das Bild auf dem Schirm anscheinend stillsteht, und so ist es möglich, die Form der Schwingungen und ihre Anzahl pro Sekunde, also ihre Frequenz, direkt abzulesen. Die Zeit entspricht der Abszisse, die Amplitude der Ordinate, und die Frequenz läßt sich durch die Zeitangabe auf der Abszisse ausrechnen. In einem Sonagramm, von einem Sonagraphen aufgenommen, entspricht die Zeit auch der Abszisse, aber die Frequenz kann direkt an der Ordinate abgelesen werden. Dafür hat man nicht die Größe der Amplitude, also die Lautstärke, die sich aber aus dem Grade der Schwärzung ersehen läßt; je schwärzer das Bild erscheint, desto stärker ist der Ton. Endlich kann man das Verhältnis zwischen den verschiedenen Frequenzen darstellen, wenn man durch ein eingebautes Tonbandgerät immer denselben Teil des Tones wiederholt, so daß die Zeit sozusagen während der Analyse stillsteht; wenn dann die Abszisse die Frequenzen angibt, zeigt die Ordinate an, welche Frequenzen am stärksten durchdringen, also die höchste Intensität haben. Man erhält dermaßen ein Klangspektrogramm. Von allen drei bildlichen Darstellungsweisen der Laute, in unserem

Falle also des Insektengesanges, werden im folgenden Beispiele gegeben werden.

Das klingt vielleicht recht einfach, wie nach einem Kochbuch: Man nehme... ein Mikrophon, ein Oszilloskop, einen Sonagraphen usw., dann kommt das Bild von selbst; aber jeder, der mit diesen spannenden Studien anfangen will, sei hiermit gewarnt:

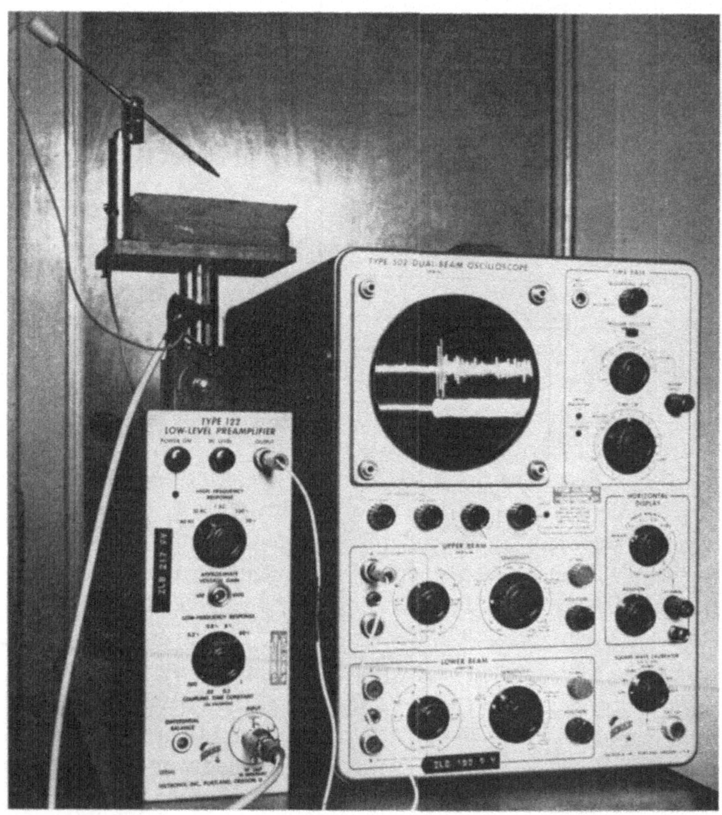

Abb. 6. Ein Oszilloskop für elektrophysiologische Untersuchungen aufgestellt (s. S. 70). Oben links die Elektrode, mit der man die elektrischen Ausschläge im Nerven aufnimmt; darunter ein Vorverstärker. Bei Untersuchungen des Gesangbildes wird nur das Oszilloskop (rechts) gebraucht; das Bild erscheint auf dem runden Schirm. Im vorliegenden Falle sieht man darauf unten den Schall, oben den Ausschlag des Nerven. Orig.

der Fehlerquellen sind viele, und diese zu kennen ist einfach unumgänglich. Nicht zuletzt ist die Leistungsfähigkeit des Mikrophons sehr wichtig, da oft ganz andere Frequenzen und sehr oft
weit höhere aufgenommen werden sollen, als wir das aus unseren
Erfahrungen gewohnt sind.

Der erste, der in dieser Weise versuchte, die Insektenstimmen
zu analysieren, war der Amerikaner GEORGE W. PIERCE in den
Jahren vor dem Kriege (seine Ergebnisse wurden aber erst 1948
veröffentlicht); er war Elektrophysiker und Amateur-Entomologe,
und seine Verfahrensweise war so logisch und einfach und seine
Schilderungen so liebenswert, daß ich sie hier als Ausgangspunkt
nehmen will. Abb. 7 zeigt ihn selbst beim Fang seiner kleinen

Abb. 7. GEORGE W. PIERCE fängt seine kleinen Sänger. Nach PIERCE

Sänger. In seiner Einleitung versucht er die Frage zu beantworten, wie es komme, daß ein Physiker an Entomologie interessiert ist: „Die Antwort könnte sein, daß, wer unwissend ist,
Aufklärung suchen muß." Kein dummer Wahlspruch!

Pierce bildete den Ton auf einem rotierenden Streifen ab, der genau eine Umdrehung innerhalb einer Sekunde machte; wenn die Insekten sangen, erhielt er so eine Spirallinie mit Ausschlägen. Abb. 8 zeigt sein Bild des Gesanges einer amerikanischen

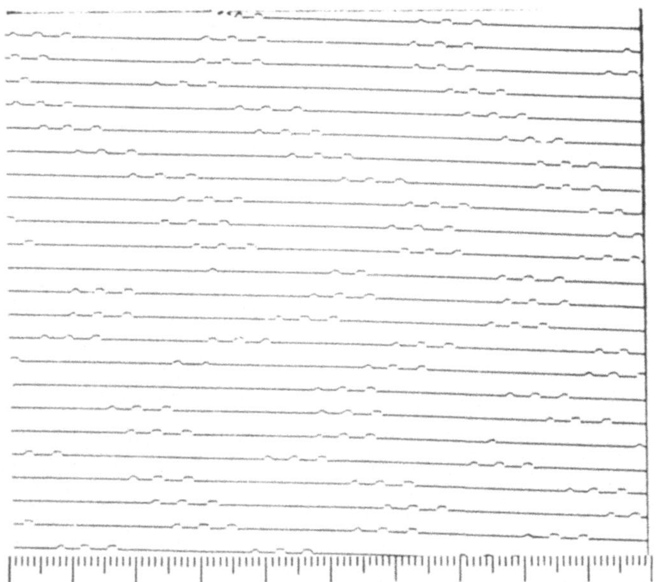

Abb. 8. Wie Pierce den Gesang einer amerikanischen Grille wiedergab. Die Trägerfrequenz ist 4900 Hz und die einzelnen Chirps sind in Gruppen von drei verteilt. Die Breite der Abbildung entspricht einer Sekunde. Nach Pierce

Verwandten unserer Feldgrille, *Gryllus* „*assimilis*" (es hat sich später erwiesen, daß sie eine Mischart ist). Man sieht, daß der Gesang aus einer regelmäßigen Wiederholung von drei „Ausschlägen" besteht. Einige Forscher haben diese drei „Ausschläge" zusammen als einen Chirp bezeichnet, was ja recht gut den entsprechenden Laut wiedergibt. Wenn wir nicht dasselbe Wort — das leider mit verschiedenen Bedeutungen gebraucht worden ist — benutzen wollen, so können wir von einem Vers sprechen. Jeder Vers besteht dann also aus drei „Ausschlägen", die Engländer nennen sie „pulses", die Deutschen „Silben". In diesem Falle können wir sie Impulse nennen, denn *sie* sind es tatsächlich, die die Modulationsfrequenz geben; jeder dieser „Ausschläge" besteht aus einer Reihe von Schwingungen, nämlich denjenigen der Trägerfrequenz.

Man kann die Trägerfrequenz auch in anderer Weise messen; in diesem Falle ist sie etwa 4900 Hz, das ist der hohe Ton, den wir aus dem Gesange der Grille heraushören (er liegt um einige Tonstufen höher als der höchste Ton des Klaviers). PIERCE machte nun Folgendes: er maß die Länge der einzelnen Impulse in Abb. 8 und fand einen Durchschnitt von 0,0152 Sek., also 15,2 Millisekunden; dies multipliziert mit der Frequenz 4900 Schwingungen pro Sekunde gibt 74 Schwingungen bei jedem Impuls. Weiter zählte er die Anzahl der Zähne oder Rippen der Feile bei *Gryllus* „*assimilis*" und fand einen Durchschnitt von 142 (die Zahl ist übrigens recht konstant). Hieraus zog er den Schluß, daß der Ton des Gesanges, also die Trägerfrequenz, dadurch hervorgerufen wird, daß etwas mehr als die Hälfte der Zähne durch jede Reibung der Flügel aneinander in Schwingung gesetzt werden.

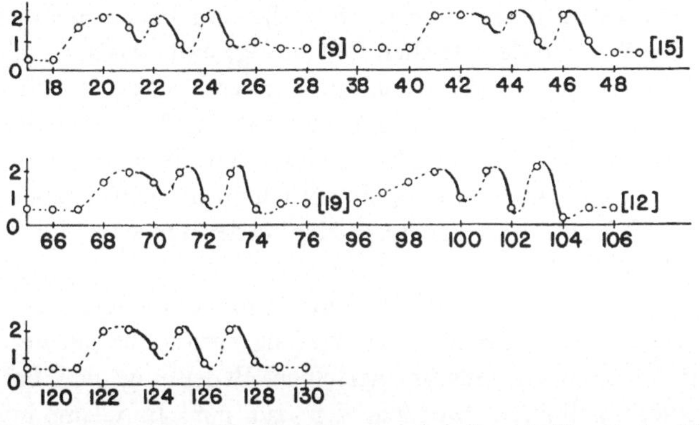

Abb. 9. Wie PIERCE die Flügelbewegungen derselben Grille wie in Abb. 8 wiedergab. Die Kurve gibt den Abstand der Flügel von der Feile in einer Reihe von nacheinander aufgenommenen Photographien (50 pro Sekunde) der singenden Grille. Nach PIERCE

Aber er ging noch weiter. Er wollte wissen, ob der Ton beim Öffnen oder beim Schließen der Flügel hervorgebracht würde. Und wie? Er filmte eine singende Grille mit 50 Bildern in der

Sekunde und maß dann den Abstand zwischen den Flügeln an der Feile auf jedem Bild. Abb. 9 zeigt das Resultat: ein langsames Öffnen wird gefolgt von dreimaligem schnellen Schließen der Flügel, das den drei Impulsen entspricht. Da nun das dreimalige Schließen regelmäßig ist, das dreimalige Öffnen aber unregelmäßig (erst einmal langsam, dann zweimal schnell), so muß der Gesang beim Schließen hervorgebracht werden.

Aber PIERCE konnte nicht alles von seinem rotierenden Papierstreifen ablesen, z. B. konnte er den inneren Aufbau der einzelnen Impulse nicht verfolgen. Als Beispiel für die Anwendung einer feineren Technik soll die Untersuchung von Madame M. C. BUSNEL über eine südeuropäische Grille erwähnt werden. Diese Grille lebt auf Bäumen und ist eine hübsche und zarte kleine Schöpfung mit irisierenden Flügeln; sie wird das Weinhähnchen, *Oecanthus pellucens* genannt*. Die Analyse ihres Gesanges zeigt die Abb. 10; aber ehe ich weiter darauf eingehe, muß ich ein recht verdrießliches Thema anschneiden, nämlich die Namengebung der verschiedenen Elemente des Gesanges. Leider haben die verschiedenen Forscher sehr verschiedene Bezeichnungen für sie verwendet. Jeder in seiner Sprache und längst nicht immer dasselbe Wort in der gleichen Bedeutung, und, was am schlimmsten ist, ganz verschieden von der Verwendung der gleichen Begriffe durch die Physiker. In dem großen Buch „Acoustic Behaviour of Animals", das Anfang 1964 erschien, wird im ersten Abschnitt versucht, die Namengebung einheitlich zu machen — aber nicht einmal die Verfasser der späteren Kapitel des Buches folgen diesem Vorschlag.

Es ist neben dem Wort Chirp ganz besonders das Wort Impuls („pulse"), das diese Verwirrung verursacht hat. Letzteres Wort ist nämlich teils in derselben Bedeutung wie bei den Physikern gebraucht worden, d. h. für eine Impulsmodulation der Trägerfrequenz, teils aber für den Laut, der von einem einzelnen Schlag des Spielapparates hervorgerufen wird. Ich sagte, daß diese bei der Grille einander gleich seien, jedes Schließen der Flügel gibt die Trägerfrequenz; das ist aber lange nicht immer

---

* Es war der Gesang einer in der Nacht singenden amerikanischen Grille derselben Gattung, über den ein Verfasser schrieb: "If moonlight could be heard, it would sound like that".

der Fall, wie ich es beim Besprechen der Laub- und Feldheuschrecken zeigen werde. Hier ist die Zahnfrequenz von der Trägerfrequenz verschieden; jeder Zahn-Anschlag gibt nicht *eine* Sinusschwingung, sondern viele solcher. In diesem kleinen Buche werde ich überall dasselbe Wort für denselben Begriff gebrauchen müssen, und ich benutze deshalb die Terminologie, die BROUGHTON in dem eben erwähnten „Acoustic Behaviour" vorschlägt; aber der Leser muß darauf achten, daß er, falls er die Originalliteratur liest, nicht sicher sein kann, die Wörter in derselben Bedeutung wie hier zu finden.

Um mit dem Wort Chirp zu beginnen, so kann es als das kürzeste vom menschlichen Ohr erkennbare Rhythmen-Element im Gesang definiert werden. Der Gesang in Abb. 8 besteht also aus einer langen Reihe von Chirps, zu Einheiten von je drei vereinigt. Diese Einheiten bilden sozusagen ein wiederholtes Motiv im Gesange, in musikalischer Bedeutung, und wir könnten sie, wenn wir wollten, ein Motiv, eine Strophe oder einen Vers nennen; die Engländer nennen sie jetzt Sequenzen 1., 2., usw. Ordnung. In Abb. 8 ist jedes Chirp nur ein Impuls, aber ein Chirp kann aus vielen Impulsen bestehen, die in Silben zusammengeschlossen werden können (syllables der Engländer); jede Silbe entspricht dann *einer* Bewegung des Insekten-Instrumentes hin und zurück; solch komplizierte Gesänge sind besonders für die Feld- und Laubheuschrecken charakteristisch.

Die Impulse in einer Silbe müssen untereinander nicht gleich und gleich lang sein; sie können rhythmisch verschieden sein (wie wenn wir sagen „dum da-da dum" oder „da drüben steht ein Mann"; die Phrasierung ist ♩♫♩ bzw. ♪♪♪.♪♪) oder in der Betonung (wie wenn wir sagen: „Nein, *das* ist doch zu schlimm"); man sagt dann, die Silbe sei phrasiert („figured" auf englisch). Dasselbe gilt für die Silben, die phrasierte Chirps bilden können. Und endlich können diese Chirps in verschiedener Weise in dem Gesang zusammengestellt werden, Sequenzen 1., 2., usw. Ordnung.

Schematisch, um schnell nachschlagen zu können, möchte ich es folgenderweise darstellen:

Die *Trägerfrequenz* wird durch

Impulse moduliert, die

Silben bilden können, die phrasiert sein mögen, und die zu

Chirps zusammengesetzt werden, die gleichfalls phrasiert sein

können, und die, in

Versen, *Motiven* oder *Sequenzen* zusammengesetzt, den ganzen

Gesang bilden.

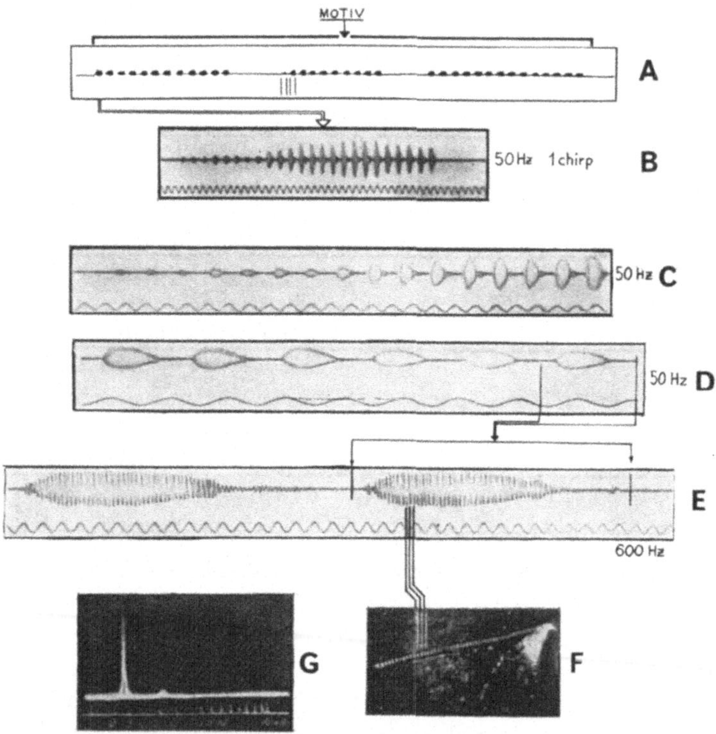

Abb. 10. Oszillogramme vom Gesang der südeuropäischen Weinhähnchen *Oecanthus pellucens*. A ist das Motiv, aus einer Reihe von Chirps bestehend. B ist ein einzelnes Chirp, sowie auch C und D, nur läuft das Band ein wenig schneller, wodurch die Einzelheiten im Chirp (dem Impuls) deutlicher hervortreten. In E sieht man die einzelnen Sinusschwingungen im Impuls, und aus F ersieht man, daß jede einem Zahnanschlag in der Feile entspricht. G endlich ist ein Lautspektrogramm; der Gesang ist ein fast reiner Ton von etwa 3000 Hz. Nach PASQUINELLY u. M. C. BUSNEL

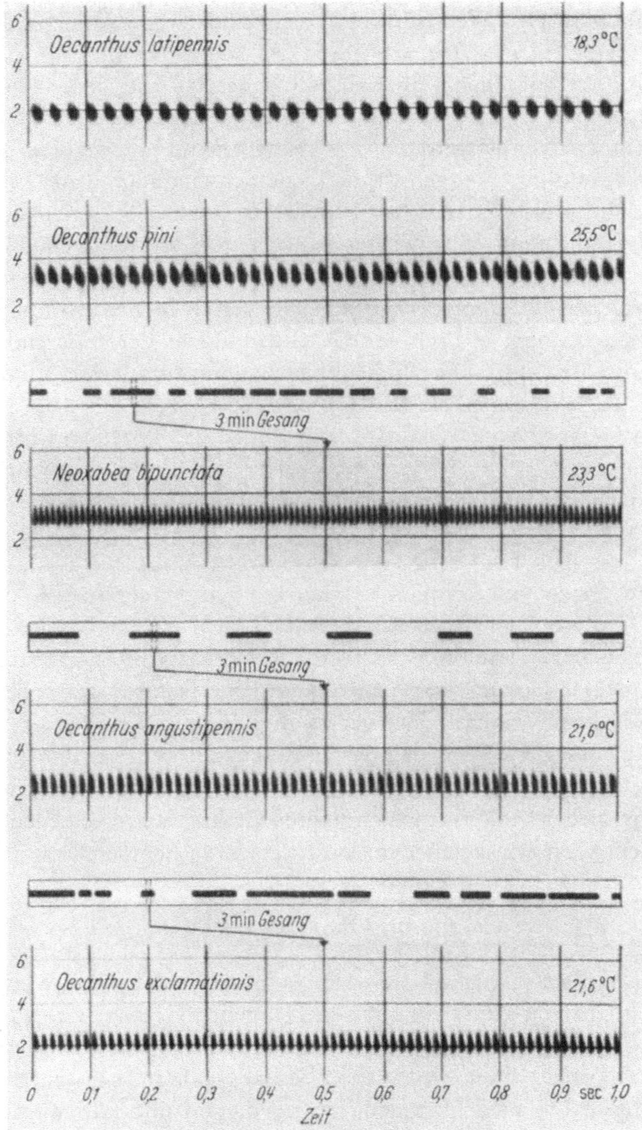

Abb. 11. Der Gesang bei fünf amerikanischen Grillen, um die Variabilität in Tonhöhe und Motiv zu zeigen. Nach ALEXANDER

Um nun zum Weinhähnchen zurückzukehren (Abb. 10), so besteht sein Gesang also aus Chirps (A), die zu einem mehr oder weniger rhythmischen Triller zusammengesetzt sind; jedes Chirp ist ein Impuls (B—D), und jeder Impuls besteht aus einer Reihe von Sinusschwingungen (E). F ist eine Mikrophotographie der Feile, woraus zu erkennen ist, daß jede Schwingung einem Zahn entspricht. Endlich ist G ein Lautspektrogramm des Gesanges; es zeigt eine sehr reine Trägerfrequenz von ungefähr 3000 Hz mit einem einzelnen kleinen Ausschlag am ersten Oberton, der Oktave. Das Bild zeigt zugleich, wie verschieden die Impulse aussehen können, je nach der Geschwindigkeit der rotierenden Trommel (B—D). Die Wellenlinien unten sind reine Sinusschwingungen von 50 Hz (B—D), bzw. 600 Hz (E).

Im Gesange vom Weinhähnchen folgen die einzelnen Chirps nacheinander in oft langen Reihen, die als Triller bezeichnet werden. In der Musik ist ein Triller ja ein Wechseln zwischen zwei nahe aneinander liegenden Tönen, und ein schnelles Wiederholen desselben Tons wird Tremolo genannt; da aber die Tonhöhe für die Grille unwesentlich ist, können wir verantworten, das Wort Triller zu gebrauchen. Aber auch diese Triller können in verschiedener Weise phrasiert werden, wie aus Abb. 11 sichtbar wird, die den Gesang verschiedener nordamerikanischer, mit dem europäischen Weinhähnchen verwandter Baumgrillen zeigt.

Wie gesagt, die kompliziertesten Gesänge haben die Laub- und Feldheuschrecken, wie wir später sehen werden; fürs erste wenden wir uns wieder den Grillen zu, um ihren Gesang bei verschiedenen Gelegenheiten etwas näher in Augenschein zu nehmen.

Gesang und Balz der Grille

Die Grillen singen nun keineswegs immer in derselben Weise. Beim intensiven Lauschen auf den Heimchen-Gesang wird man bemerken, daß er bald scharf und kräftig ist, bald schwächer und weniger genau; dieser schwächere Gesang klingt fast, als liege er mehrere Oktaven über dem kräftigen, und mitunter werden kleine scharfe Knalle des stärkeren Gesanges hörbar. Es sind in der Tat zwei verschiedene Gesänge, die man gehört hat; der erste ist *der gewöhnliche Gesang* oder *Spontangesang*, von den Angelsachsen calling song *(Lockgesang)* genannt; er wird gesungen, wenn das Männchen paarungsbereit ist und eine Frau wünscht, oder vielleicht auch nur als Ausdruck eines unverbrauchten Energie-Überschusses; menschlich würden wir das Lebensfreude nennen! Der zweite, schwächere Gesang ist ein *Werbegesang,* der nach dem ersten Kontakt mit einem Weibchen gesungen wird.

Vorzügliche deutsche Untersuchungen über das Paarungsverhalten der Feldgrille liegen vor (ZIPPELIUS, 1949; HUBER, 1955; HÖRMANN-HECK, 1957); aber im Zusammenhang mit dem Gesang sind wohl die Beobachtungen des Amerikaners RICH. D. ALEXANDER (1957 und 1961) die klarsten. Sie scheinen weitgehend mit den europäischen Beobachtungen übereinzustimmen.

Die Begattung findet bei allen Orthopteren (Heuschrecken und Grillen) durch eine Samenpatrone statt, eine Spermatophore, nämlich eine Chitin-Kapsel, mit der das Männchen die Spermienmasse umgibt, und die während der Begattung an oder in der Geschlechtsöffnung des Weibchens angebracht wird. Diese Spermatophore wird vor oder während der Begattung gebildet. Aber ehe es dazu kommen kann, ist ein größeres Zeremoniell erforderlich, das bei den verschiedenen Formen unterschiedlich ist. Wir wollen das Zeremoniell bei der amerikanischen Feldgrille *Acheta pennsylvanica (,,assimilis")* schildern, das dem der europäischen Feldgrillen in vielen Dingen gleicht.

Wenn das Männchen ,,in Stimmung" ist — und das scheint es fast immer zu sein — dann singt es seinen Lockgesang, bestehend aus einem Vers von 3—4 Chirps, der mit einem Zwischenraum von 1—2 zehntel Sekunde wiederholt wird. Die Trägerfrequenz beträgt etwa 5000 Hz, wie die Sonagramme in Abb. 12 zeigen. Wenn das Weibchen diesen Gesang hört und wenn sie, wohlgemerkt, auch selbst ,,in Stimmung" ist, dann bewegt sie sich auf ihn zu. Ist sie nahe genug gekommen, wendet er sich von ihr weg und beginnt einen Vor-Werbegesang, mit einer langen Reihe von Chirps, die recht bald zu dem eigentlichen Werbegesang führen. Bei diesem Gesang werden die Flügel nicht so hoch gehoben wie beim Lockgesang und werden nicht so fest aneinander gepreßt; er ist also schwächer und umfaßt einen größeren Frequenzbereich, wie Abb. 12, 4—6 zeigt. Er hat auch mehr Obertöne, die stärker durchdringen, bisweilen sogar stärker

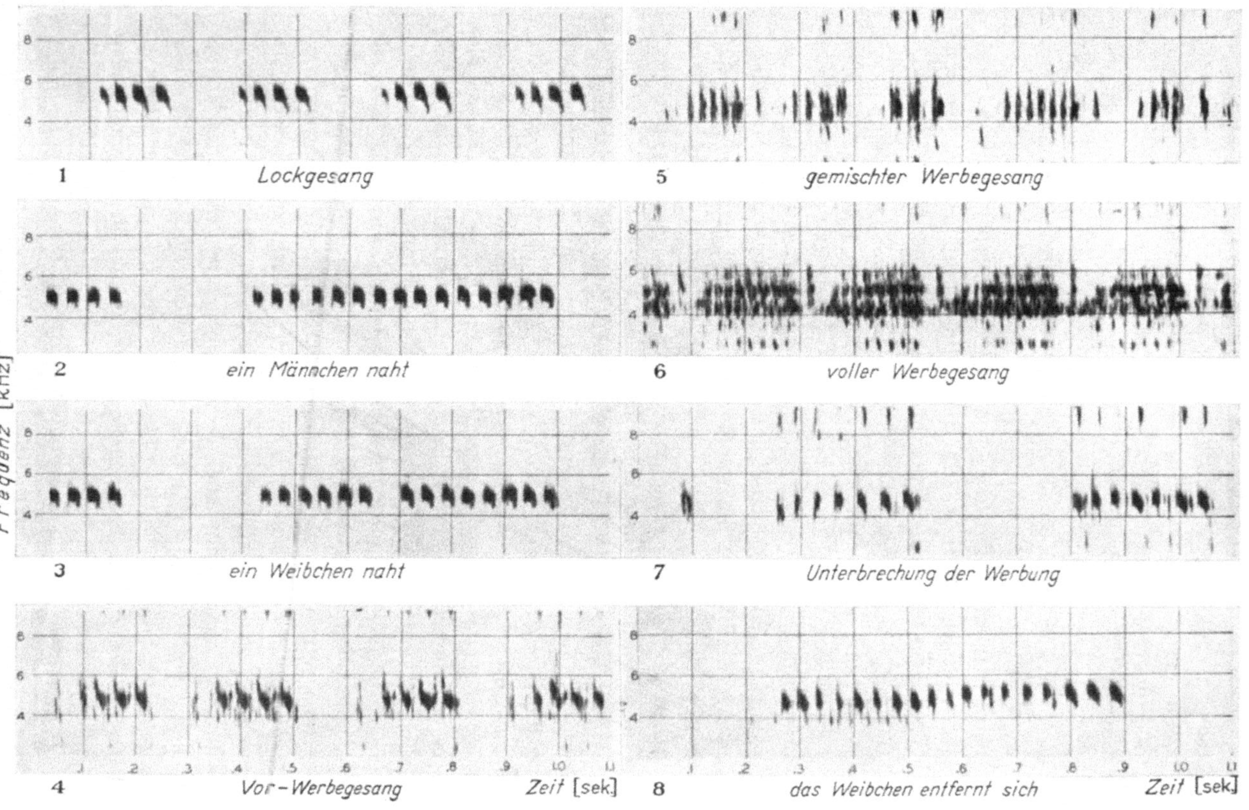

Frequenz [kHz]
1   Lockgesang
2   ein Männchen naht
3   ein Weibchen naht
4   Vor-Werbegesang   Zeit [sek]
5   gemischter Werbegesang
6   voller Werbegesang
7   Unterbrechung der Werbung
8   das Weibchen entfernt sich   Zeit [sek]

als der Grundton (dies ist technisch sehr wohl möglich und gilt z. B. auch für viele Musikinstrumente); es ,kann den Eindruck geben, als läge der Werbegesang ein paar Oktaven höher als der Lockgesang. Andererseits ist es für das Weibchen schwieriger, das Männchen zu lokalisieren, wenn er den Werbegesang singt; diesen singt er ja aber auch erst dann, wenn sie ihm ganz nahe ist.

Was weiter geschieht, zeigt Abb. 13. Der Kontakt zwischen beiden Partnern wird durch die Fühler des Männchens aufgenommen, die sich peitschend bewegen. Auch die Taster des Weibchens müssen verschiedene Teile des männlichen Hinterleibes berühren, erst die Schwanzanhänge (die sogenannten Cerci), später die Rückenseite selbst. Danach spaziert das Weibchen direkt auf den Rücken des Männchens hinauf, und er hilft ihr durch ein vorsichtiges Nach-hinten-Rücken und orientiert sie mit Hilfe der Cercen (Abb. 13, 1—3), stets von Fühler- und Taster-Bewegungen begleitet. Kommt das Weibchen „aus dem Schritt", oder fällt sie sogar herunter, stößt er ein paar „aggressive" Chirps aus, ehe er den Werbegesang fortsetzt. — Wenn dann endlich Ruhe über das Weibchen kommt, stößt er die Spermatophore aus und bringt sie in der Nähe der weiblichen Geschlechtsöffnung an (die Spermatophore ist beim Pfeil in der Abb. 13, 5 sichtbar). Danach lockert sich der Griff, das Weibchen steigt hinunter, und das Männchen befindet sich in einer gleichsam abgespannten Stellung (Abb. 13, 6), was aber nicht lange dauert.

Das Merkwürdigste steht jedoch noch aus, nämlich das sogenannte post-kopulatorische Verhalten, die Nachbalz. Sie ist bisher nur bei den Grillen bekannt und könnte vielleicht mit deren Leben in Erdhöhlen im Zusammenhang stehen. Falls das Weibchen sich nach der Begattung, jetzt, wo der Samen in ihre Geschlechtsorgane eindringen muß, entfernen will, wedelt das Männchen es mit seinen Fühlern an, woraufhin das Weibchen wieder zur Ruhe kommt. Man meint, daß auch das Weibchen an der Nachbalz beteiligt ist. Über die Ursache dieses Verhaltens

---

Abb. 12. Sonagramme des Lock- und Werbegesanges bei der amerikanischen Feldgrille *Acheta assimilis*. Nach ALEXANDER

Abb. 13. Die Balz der Grille. Das Weibchen nähert sich dem singenden Männchen und besteigt es, während das Männchen den Werbegesang singt. Zuletzt

wird die Samenkapsel überführt (beim Pfeil in Nr. 5), und die Tiere trennen sich wieder. Nach ALEXANDER

ist man sich nicht im klaren. Es ist vermutet worden, daß dadurch das Weibchen verhindert würde, die Spermatophore einfach aufzufressen; bei anderen Grillen, dem Weinhähnchen *Oecanthus* und der Waldgrille *Nemobius*, frißt das Weibchen nach der Begattung ein von den Rückendrüsen des Männchens ausgeschiedenes Sekret — wiederum, um nicht die Spermatophore aufzufressen, hat man gesagt. Das ist aber kaum die volle Erklärung. Eine andere Deutung nimmt an, daß sich das Männchen das Weibchen „monopolisieren" wolle, damit sie zur Stelle wäre, wenn die nächste Spermatophore fertig sei.

Mehrere Gründe dürften diese letzte Erklärung stützen, besonders die Hierarchie unter den Männchen, die im nächsten Kapitel behandelt werden soll. Es zeigt sich nämlich, daß ein Männchen, das ein Weibchen „hat", gegenüber anderen Männchen dominiert. Ebenfalls ist er in der Nähe seiner Höhle dominierend, so daß es also von Vorteil wäre, das Weibchen dort festzuhalten. Auf der anderen Seite geht ein Weibchen viel lieber zu einem Männchen, das vor seiner Höhle sitzt und singt, als zu einem vagabundierenden Männchen, obgleich letzteres ja das romantische Ideal eines wandernden Minnesängers ist. Die Grillen sind mehr materialistisch eingestellt!

Allen diesen Fragen über Dominanz der Männchen, über Territorien-Bildung usw., hat ALEXANDER eine sehr eingehende und spannende Untersuchung gewidmet; und obgleich sie nur teilweise den Gesang betrifft, kann ich nicht umhin, etwas darüber zu erzählen.

Rangordnung und Territorien bei Grillen

Daß die Vögel Territorien haben, die sie mit großer Energie behaupten, ist ja bald eine alte Neuigkeit; und man weiß heute, daß dies unter anderem auch für Fische und Säugetiere zutrifft. Daß aber die Insekten über ein ähnliches Verhalten verfügen, ist erst in den letzten Jahren klar geworden.

Daß die Hühner in einem Hühnerhof eine ganz bestimmte Rangordnung haben, wies SCHJELDERUP-EBBE um 1920 nach; es besteht eine Hierarchie unter den Hühnern: schon beim ersten Zusammentreffen fechten sie einen Kampf aus, und die dominierenden hacken später einfach die untergeordneten, wenn sie sich vorzudrängen suchen, daher das jetzt allgemein bekannte Wort „Hackordnung". Aber wie ausgeprägt dieses Phänomen auch bei den Insekten sein kann, das zeigte erst ALEXANDER in den eben erwähnten Untersuchungen über die Grillen. Und er konnte dies zeigen, indem er der goldenen Regel GALILEIS gehorchte: *das* meßbar zu machen, was es nicht ist.

Um einen Ausdruck für die Rangordnung der Grillen zu bekommen, bediente er sich der Tatsache, daß die Männchen gewaltige Kämpfer sind; das Wort Hackordnung gilt also auch hier buchstäblich, nur daß die Kämpfe unblutig sind. Die Grillen sind gute Verlierer und erkennen eine Niederlage an.

Wenn zwei Männchen einander begegnen und in aggressiver Stimmung sind — und das scheinen sie auch fast immer zu sein— dann machen sie Front gegeneinander und kämpfen (Abb. 14). Erst peitschen sie sich gegenseitig mit den Fühlern (1), dann führen sie die Taster hin und zurück, spreizen die Oberkiefer und bewegen sich gegeneinander (2—3). Hier hören sie manchmal auf; aber öfters geschieht es, daß einer oder beide einen Gesang beginnen und dem anderen mit erhobenem Vorderkörper entgegengehen. Auch hier kann Schluß sein, oder es kann fortgesetzt werden; sie schlagen dann mit den Vorderbeinen aus, wodurch sie einander aus der Stellung schnellen können (5). Ist es auch damit nicht zu Ende, gehen sie mit gespreizten Oberkiefern aufeinander los und fangen einen Ringkampf an (4), der oft damit endet, daß einer den anderen hoch in die Luft hinaufwirft (6). Solche Kämpfe können bis zu ein paar Minuten dauern. Und die Tiere scheinen fast immer dabei zu singen — einen *aggressiven Gesang,* aus einer längeren Reihe von Chirps bestehend— entweder mit kurzen Intervallen oder kontinuierlich, und sie scheinen merkwürdigerweise mit dem Gesang zu alternieren, als könne der eine Kämpfer weder kämpfen noch singen, während der andere singt. Die alternierenden Zeiträume sind aber so kurz, daß es sehr schwierig ist, dies sicher zu entscheiden.

ALEXANDER kam nun auf die hübsche Idee, die Intensität der Kämpfe in fünf Stufen einzuteilen und dann zu sehen, wenn er einige Männchen beieinander hatte, wie weit die Kämpfe unter den verschiedenen Männchen gingen, wer gewann, und nach welcher Kampfstufe. Er baute deshalb ein Terrarium, 9 × 24 Zoll, und setzte fünf Männchen, die er unterscheiden konnte und als Nr. 1—5 bezeichnete, hinein. Abb. 15 zeigt die Tiere und ihre Wohnstätte; die durch die punktierte Linie angedeutete Einteilung

Abb. 14. Die Grillenmännchen führen heftige Kämpfe, die doch immer „unblutig" sind, obwohl die Grillen sich gegenseitig umwerfen können (Nr. 6); der Verlierer erkennt seine Niederlage an und entfernt sich, während der Sieger laut singt. Nach ALEXANDER

in Planquadrate ist fiktiv, um angeben zu können, wo die Tiere
sich befinden, und bildet keinerlei Hindernis. Er zeichnete nun
alle zwischen den Tieren während knapp 14 Tage geführten
Kämpfe auf, es waren mehr als 2500, und fand eine ausgeprägte

Dominanz, aber eine Dominanz, die nach verschiedenen äußeren
Verhältnissen wechseln konnte. Wenn alles andere gleich war,
gewann jeder fast jeden Kampf gegen die in der Rangordnung

Niedrigeren und verlor gegen die Höherstehenden; je höher sie standen, desto gewaltsamer waren die Kämpfe, und desto häufiger.

Alles andere war aber bei weitem nicht immer gleich, viele Faktoren griffen ein. Aber es war komisch und wesentlich, daß die fünf Herren sich gegenseitig nicht an ihrem Äußeren erkennen konnten. Das Entscheidende war die Reaktion des

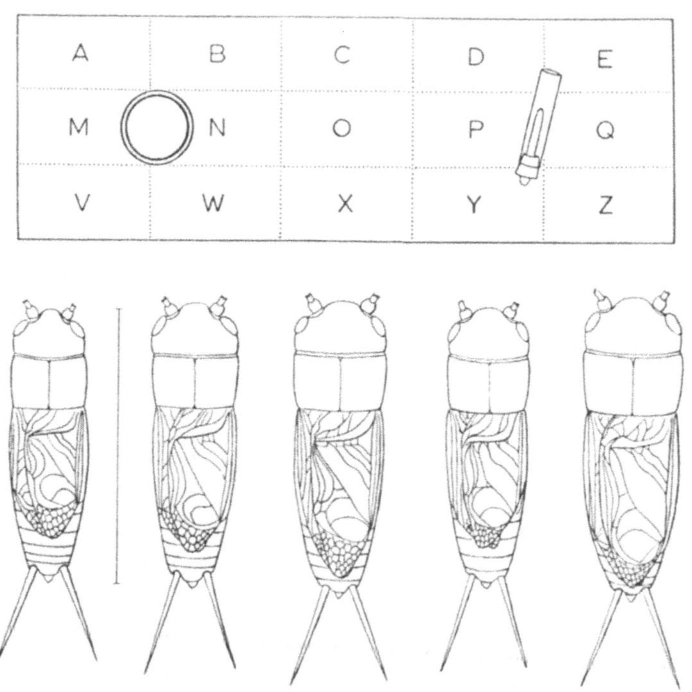

Abb. 15. ALEXANDERS fünf Kämpfer und der Käfig, worin sie kämpften.
Nach ALEXANDER

anderen, wenn der erste aggressiv war. Und die Dominanz wurde nicht geändert, selbst wenn einer in irgendeiner Weise körperlich gehemmt war. Dem einen fehlte ein Hintertarsus und zwei der anderen fehlten Teile der Fühler; noch dazu setzte

Alexander dem zur Zeit dominierenden Männchen eine mächtige Pappscheibe auf den Rücken; doch alles das war ohne Einfluß auf die Dominanz.

Dagegen konnte die Dominanz wechseln, falls eines der Männchen eine Zeitlang von den anderen isoliert war, es wurde dann aggressiver und gewann mehr Kämpfe als vorher. Gleichfalls konnte es eine Rolle spielen, ob ein Männchen früher einen Kampf gewonnen hatte. In einem anderen Versuch hatte Alexander die Dominanz A/B/C/D zwischen vier Männchen gefunden. Er setzte dann A und B und von diesen getrennt C und D über Nacht zusammen; jetzt verlor also B alle seine Kämpfe und C gewann die seinen. Brachte er alle vier dann erneut zusammen, war die Reihenfolge A/C/B/D. Das konnte er umkehren, so oft er wollte. Er setzte dann A mit einem dominierenden Männchen eine Stunde zusammen, und wenn es zurückkam, verlor es alle Kämpfe an C. Nach dem letzten Kampf begann es aber zu singen und sang für eine Weile; daraufhin besiegte es C!

Das ist etwas sehr Merkwürdiges, daß der aggressive Gesang das Männchen stärker macht. Man erinnert sich der Zaubermacht des Gesanges, wie sie z.B. besonders eindringlich im 2. Gesang von Kalevala zu Worte kommt, wo der Sängerkrieg zwischen Wäinämöinen und Joukahainen damit endet, daß Wäinämöinen Joukahainen tiefer und immer tiefer, bis zum Halse, in die Erde *singt*, bis dieser bittet: Nimm zurück die heiligen Gesänge! Für die Alten war eine geheime Kraft im Gesange, nicht nur in den Worten; aber für die Grille?? Wenn die großen Grillen-Kämpfe, 3., 4., 5. Grades, beendet waren, dann sang der Gewinner überlaut; war es dagegen der Verlierer, der sang, dann bedeutete dies, daß ihr gegenseitiges Verhältnis das nächste Mal wechseln und der Verlierer gewinnen werde. Ein Kampf konnte durch den aggressiven Gesang allein in Gang gesetzt werden, aber auch durch Fühlerpeitschen allein, und beides konnte Alexander künstlich hervorrufen, so daß die Tiere in Kampfstimmung kamen, ohne einen Gegner zu haben. Es ist noch lange nicht geklärt, wodurch die Kämpfe ausgelöst werden, weder physiologisch noch psychologisch.

Die Dominanz konnte aber auch wechseln, wenn ein Männchen kopuliert hatte. Nach einer Begattung, und wie wir oben sahen, während der Nachbalz dominiert das Männchen über alle anderen Männchen.

Und eine dritte wesentliche Rolle für die Dominanz spielte der Kampfplatz; ein Territorialgefühl ist deutlich ausgeprägt. Um zu den fünf Herren von Abb. 15 zurückzukehren, so geschah es am 10. Tag, daß Nr. 2 darauf verfiel, sich eine Höhle unter dem kleinen, für Wasser bestimmten Glas bei P zu graben. Und damit änderte sich sein ganzes Verhalten. Er verhielt sich längere Zeit ganz still in der Höhle, bastelte nur ein wenig an ihr herum und kehrte geradewegs zu ihr zurück, wenn er gerauft hatte. Dann und wann kam er aus der Höhle heraus, wanderte in die Mitte des Terrariums, nie aber weiter, und kehrte dann direkt nach Hause zurück, als ob er patrouilliere, und mit einer sehr aggressiven Miene, sagt ALEXANDER. Und die Kämpfe, die er seitdem führte, fanden fast immer in der Nähe der Höhle statt.

ALEXANDER stellte nun eine Pillenschachtel als Höhle in der anderen Ecke des Terrariums auf, bei M (Abb. 15); die Dominanz war jetzt Nr. 2/3/4/1/5. Es geschah nun folgendes: Nr. 3 nahm sofort die neue Höhle in Besitz und vertrieb Nr. 1. Dann kam Nr. 4, und Nr. 3 verzog sich ohne Schwertschlag. Danach vertrieb Nr. 4 Nr. 1 und Nr. 5, ja selbst Nr. 3; aber dann hatten 4 und 3 eine Schlägerei 4. Grades, und die Höhle fiel Nr. 3 zu, der siegreich blieb. In 12 Kämpfen mußte er nun Nr. 1, 4 und 5 besiegen. Nr. 2 war dies ja alles egal; er blieb in seiner Höhle. Dann, plötzlich, ging Nr. 3 energisch patrouillierend aus seiner Höhle heraus, geradewegs zur Mitte des Terrariums, wo Nr. 2 auch gerade angekommen war, und besiegte ihn. Bisher hatte Nr. 2 aber alle 21 Kämpfe mit Nr. 3 gewonnen. Nr. 3 schlug jetzt die vier anderen im Laufe von 5 Min., aber dann siegte Nr. 2 in einem Kampf 5. Grades über 3 in der Mitte des Terrariums. Er verfolgte dann Nr. 3 zu dessen Höhle (der Pillenschachtel); aber hier siegte Nr. 3 in einem neuen Kampf 5. Grades — nur 15 Sek. waren zwischen den Kämpfen vergangen.

Diese kleine Geschichte ist typisch und zeigt, daß die Männchen vorzugsweise ihre Kämpfe in der Nähe ihrer Höhlen gewinnen, daß sie ein kleines Stück patrouillieren, um die anderen fernzuhalten, daß also ein deutliches Territorialgefühl vorhanden ist, von ALEXANDER als „the association with a particular area" definiert, also nicht nur irgendein beliebiges verteidigtes Gebiet, sondern ein Gebiet, mit dem die Tiere sich verbunden fühlen.

Selbstverständlich spielt die Bildung von Territorien eine große Rolle für die Paarungsmöglichkeit der Tiere; wenn das Männchen vor oder in seiner Höhle sitzt und durch seinen Gesang das Weibchen anlockt, kann er allein durch seine Dominanz die Rivalen fernhalten. Er monopolisiert sozusagen das Gebiet — und wir hörten früher, daß er auch das Weibchen monopolisiert.

Gesang der Laubheuschrecken

Die Laubheuschrecken — wir kennen sie ja, die großen, grünen, mit den langen Fühlern, oder die Warzenbeißer, oder die kleinen bräunlichen Strauchschrecken, *Pholidoptera griseo-aptera*, und viele andere, alle durch die langen Fühler und die lange säbelförmige Legeröhre gekennzeichnet — die Laubheuschrecken also stehen ja den Grillen weit näher als den Feldheuschrecken, und man könnte sich denken, sie hätten einen ähnlichen Gesang, um so mehr, als auch sie durch Reiben beider Flügeldecken spielen. Dem ist bei weitem nicht so.

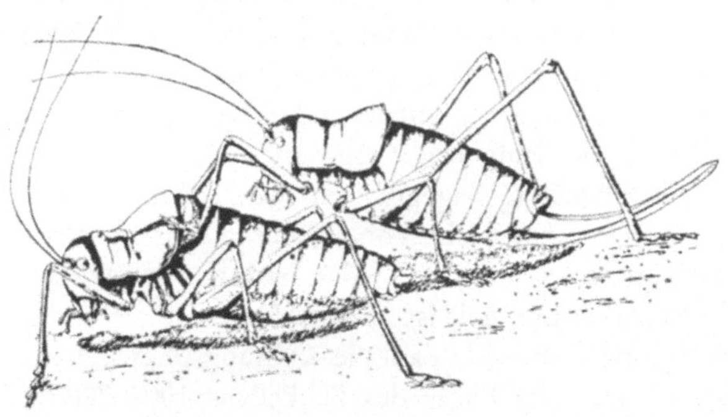

Abb. 16. Die Sattelschrecke *Ephippiger bitterensis*, Männchen und Weibchen.
Nach Busnel, Dumortier u. Busnel

Der Gesang der Grillen war, wir wir uns erinnern, ganz einfach: einige Chirps, die aus nur einem Impuls bestehen, sind zu einfachen Versen oder Trillern zusammengesetzt. Dagegen hat man von einer nordamerikanischen Laubheuschrecke, *Amblycorypha uhleri*, gesagt, ihr Gesang sei der komplizierteste Insektengesang der Welt. Er besteht aus mehreren verschiedenen Sorten von Silben, einige von ihnen bewirkt durch den Anschlag nur eines Zahnes der Feile, er hat drei verschiedene Silben-Rhythmen und umfaßt in der Intensität sowohl crescendo als auch diminuendo. Das Resultat ist eine Sequenz von etwa 1½ Minuten Länge, in der die einzelnen Phasen von verschiedener Länge sein können. Wodurch diese Variabilität des Gesanges bedingt ist, weiß man nicht. Dafür haben die Laubheuschrecken aber keinen Werbegesang; im wesentlichen können sie nur den Spontangesang bieten.

Betrachten wir erst, wie der Gesang zustande kommt. Madame BUSNEL (1955) hat eine, mit der in Abb. 10 wiedergegebenen Darstellung von *Oecanthus* vergleichbare Analyse des Gesanges einer Laubheuschrecke gegeben; es handelt sich um eine südeuropäische Art, plump anzusehen, mit sehr kurzen Flügeldecken, die gleichsam unter der Vorderbrust verborgen liegen; diese bildet nach hinten eine Art von Parabolschirm (zur Konzentration und zum Dirigieren des Schalles?). Das Tier heißt *Ephippiger bitterensis* (Abb. 16), auf deutsch Sattelschrecke. Madame hat nun die folgende Analyse gegeben (Abb. 17):

Oben in der Abbildung zeigt eine Reihe von Aufnahmen die Stellung der Flügeldecken während des Gesanges, darunter sieht man das gleichzeitig entstehende Oszillogramm. Das kurzfristige Öffnen der Flügel gibt also einen kleinen Ausschlag, das langsamere Schließen dagegen ein weit deutlicheres Oszillogramm, das aus einer Reihe von Impulsen besteht. Noch weiter unten ist veranschaulicht, daß jeder Impuls dem Anschlag eines Zahns entspricht. Die Zeit ist in der Abbildung nicht angegeben, aber es hat sich gezeigt, daß die Öffnungsphase 20—30 Millisekunden dauert, die Phase des Schließens 100—200 ms. Zählt man die Impulse bei jedem Schließen, so findet man 40—55. Zählt man die Zähne in der Feile, so sind es ebenfalls 40—55. Schätzen wir 100 ms und 55 Impulse, so erhalten wir eine Zahnfrequenz von 550 Hz, aber das Lautspektrogramm unten links zeigt eine dominierende Frequenz von 10 000 Hz und eine große Variation, von weniger als 1 kHz bis mehr als 15 kHz. Und tatsächlich ist die Tonhöhe noch größer, weit über der menschlichen Hörgrenze, wahrscheinlich an die 100 kHz; das wurde aber

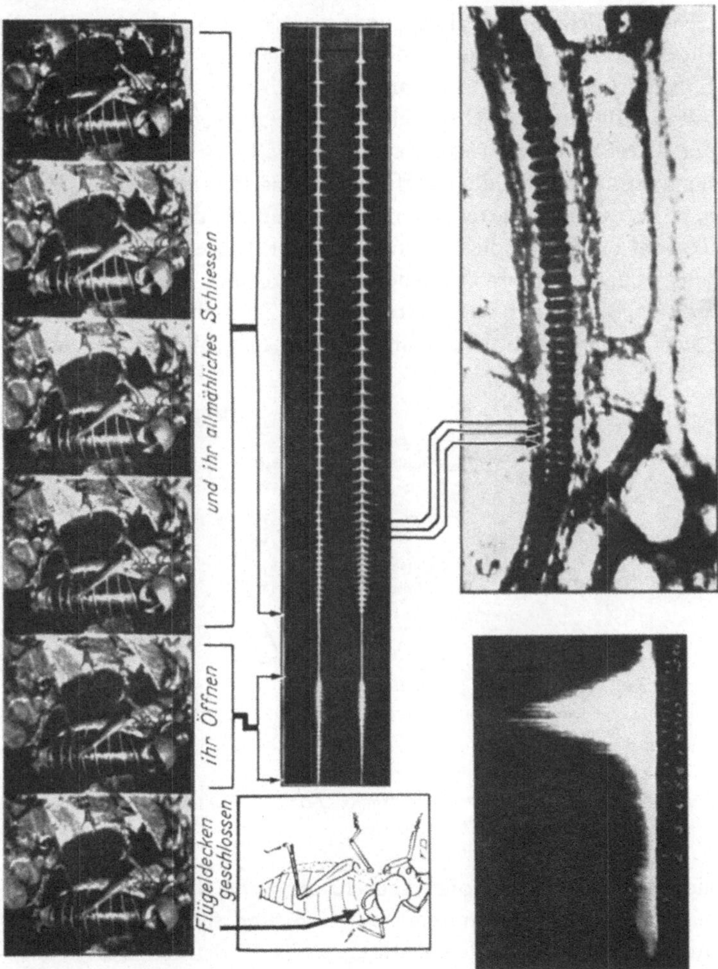

Abb. 17. Der Gesang von *Ephippiger bitterensis*. Oben die Flügelstellung während des Gesanges, unten Oszillogramme der gleichzeitig hervorgebrachten Laute. Unten rechts die Feile; jedem Zahn entspricht ein Impuls. Links ein Spektrogramm mit vielen Frequenzen, die größte Lautstärke bei etwa 10000 Hz, also ein ziemlich „unreiner" Ton. Nach PASQUINELLY u. M. C. BUSNEL

nur in einzelnen Fällen festgestellt, wenn man besonders dafür
eingerichtete Mikrophone verwenden konnte.

Die Schlußfolgerung ist also, daß Zahnfrequenz und Trägerfrequenz nicht gleich sind; die Trägerfrequenz ist entweder die
Eigenfrequenz der Zähne oder diejenige der Flügel, denn die
Flügel fungieren als Resonanzboden für den Gesang. Und dies
gilt für alle Laubheuschrecken. Wo die Flügel so kurz sind wie bei
der Sattelschrecke ist es verständlich, daß ihre Eigenfrequenz so
hoch sein kann; bei den langflügeligen hätte man aber eine niedrigere Frequenz erwartet. Hier nimmt man an, daß nur ein kleiner
Teil der Flügel um die Feile mitschwingt. Dieser Teil ist flach und
mit wenigen Adern versehen; er wird der Spiegel genannt;
er ist z.B. bei der mitteleuropäischen Zwitscherschrecke, *Tettigonia cantans* (Abb. 18), sehr deutlich ausgebildet. Man würde

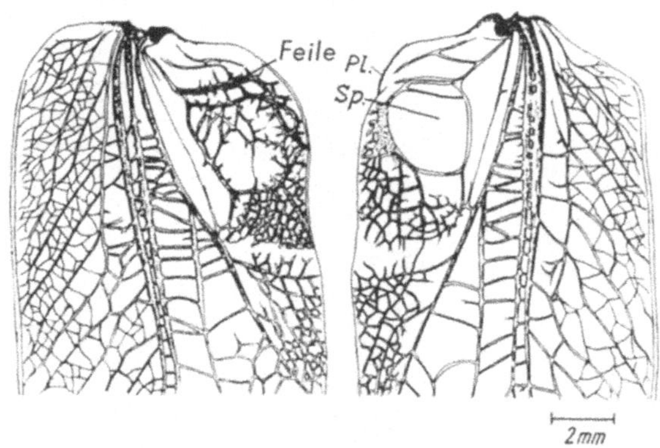

Abb. 18. Flügel der Zwitscherschrecke *Tettigonia cantans*. Pl ist Plektrum,
Sp der Spiegel. Nach STÄRK

hiernach eine zwar hohe, aber festliegende Trägerfrequenz erwarten; das Spektrum zeigt indessen eine sehr „wollige" Frequenz. Madame will dies dadurch erklären, daß der Berührungspunkt zwischen Feile und Plektrum sich während des Gesanges
verschiebt und deshalb verschiedene Trägerfrequenzen ergibt,
ganz wie die Resonanzfrequenz der Geige sich ändert, wenn man
den Finger auf der Saite verschiebt, sagt sie. Ob diese Annahme
haltbar ist, bleibt wohl zweifelhaft; schon aus physikalischen

Gründen wird das Spektrum „wollig" werden, wenn die Kurve
nicht rein sinusförmig ist, sondern „dreieckig". Und die Kurve
ist „dreieckig", wenn Zahn- und Trägerfrequenz verschieden
sind. Neuerdings hat BROUGHTON (1964) noch dazu überzeugende
Gründe dafür angegeben, daß der Spiegel für den Gesang gar
keine Rolle spielt: er konnte ihn mit Lack überdecken, ohne den
geringsten Einfluß auf das Lautspektrogramm zu bewirken.
Überhaupt verlangt die ganze Frage nach der Eigenfrequenz der
Flügel eine eingehende physisch-morphologische Analyse. Hier
habe ich nur das Problem anschneiden können.

Die Laubheuschrecken spielen wie die Grillen mit einer Feile
an der Unterseite des einen Flügels und eines Plektrums an dem
anderen; hier liegt aber der linke Flügel über dem rechten, und
diese Stellung ist fest induziert. (Bei den Grillen kann die Flügel-
Stellung umgekehrt werden, bevor die Flügel noch erhärtet
sind, und sie können mit vertauschten Flügeln sogar singen,
wie Abb. 19 zeigt.) Jedes Öffnen und Schließen verursacht eine
Reihe von Impulsen, die zusammen eine Silbe bilden, und bei

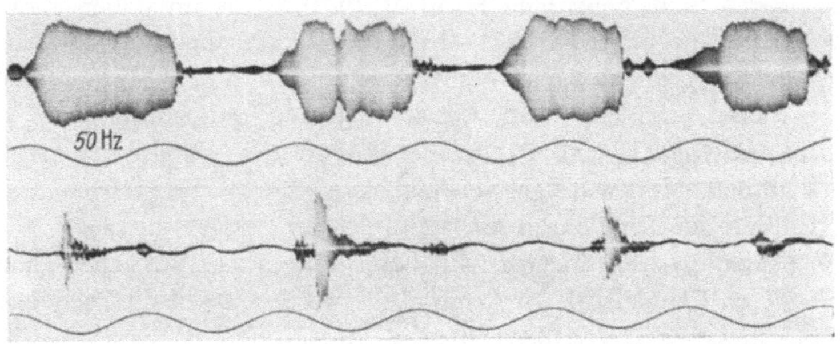

Abb. 19. Oszillogramm des Gesanges der Feldgrille. Oben von einem „Rechts-
geiger", unten von einem künstlichen „Linksgeiger". Nach HUBER

der Sattelschrecke besteht der Gesang aus einer regelmäßigen
Reihe solcher Silben, jede von der Dauer einer zehntel Sekunde
und mit Zwischenräumen von drei viertel Sekunden. Bei anderen
Arten können die Silben von vier Chirps zusammengefügt sein.
Dasselbe ist wahrscheinlich der Fall bei der oben erwähnten
Strauchschrecke; aber bei keiner unserer nordeuropäischen

Laubheuschrecken ist der Gesang oszillographisch untersucht worden.

Die Zahnfrequenz ist nicht immer gleich, sie erhöht sich bei höheren Temperaturen, was verständlich ist, da sie ein Ausdruck für die Aktivität des Tieres ist, und die Aktivität der „kaltblütigen" Insekten * steigt ja mit der Temperatur bis zu einem Optimum. Bei der braunen Strauchschrecke *Pholidoptera griseoaptera*, die in Gärten — jedenfalls in Nord-Seeland — häufig ist, können wir es deutlich bemerken. Ihr kleines „zit-zit", das abends zu hören ist, hat einen deutlich schnelleren Rhythmus, je lauer der Abend ist.

Die Amerikaner benutzen sogar eine Grille, *Oecanthus niveus*, als Temperaturmesser nach „Dolbear's Gesetz": man zähle die Anzahl von Chirps in 15 Sek., addiere 40, dann erhält man die Temperatur in Fahrenheit. (Leider kann die Grille nicht mit Celsius rechnen.) Das ist ja, milde gesagt, eine Vereinfachung des Problems, aber tatsächlich hat WALKER 1962 für neun Arten von Grillen einen geradlinigen Zusammenhang zwischen Temperatur und Chirps gefunden, mit 4° (Celsius) als Nullpunkt. Auf der anderen Seite behaupten H. u. M. FRINGS, die im selben Jahre den Gesang einer Laubheuschrecke studiert haben, daß die einzelnen Teile des Gesanges unabhängig von der Temperatur variieren, obgleich seine gesamte Länge temperaturabhängig sei, und auch, daß zahlreiche individuelle Variationen vorkommen. Merkwürdigerweise ist also auch die Frage nach dem Einfluß der Temperatur nicht hinreichend geklärt.

Aber das Spannendste an dieser Frage liegt auf einer ganz anderen Ebene. Wie wir später sehen werden, spielt die Frequenz des Gesanges keine Rolle für die Auffassung der Insekten. Ein Heuschreckenweibchen läßt sich nicht von der gesungenen Frequenz verlocken, sondern von dem Rhythmus der Motive und Sequenzen im Gesange, man könnte sagen: nach dem Bild des Gesanges am Oszillographen. Aber wenn nun der Rhythmus sich mit der Temperatur verändert, wie finden dann die richtigen Weibchen die richtigen Männchen? Diese Frage ist noch ganz ungelöst; das einzige, was ich darüber gesehen habe, ist WALKERS

---

* Es hat sich übrigens gezeigt, daß viele Insekten doch einen temperaturregulierenden Mechanismus besitzen.

Nachweis, daß auch die Reaktion des Weibchens auf den Impulsrhythmus sich mit der Temperatur entsprechend den Änderungen im Männchengesang ändert — aber das ist ja selbstverständlich, sonst stürbe die Art aus! Die Frage ist jedoch, wie?

Bisher habe ich nur von dem Spontangesang der Laubheuschrecken gesprochen. Ein Werbegesang fehlt, wie gesagt; das Weibchen geht zum Männchen hin und besteigt es (Abb. 16), aber stets ist es nur der Spontangesang, dem sie gehorcht. Dafür singt er aber nur, wenn seine übergroße Spermatophore fertiggebildet ist; wieviel „Kraft" zur Bildung dieser Spermatophore nötig ist, geht aus Abb. 20 hervor, die die Geschlechtsorgane des Männchens vor und nach diesem Prozeß zeigt. Die langen Schläuche auf der Abbildung sind die zahlreichen, sogenannten akzessorischen Drüsen, die sich an der Bildung beteiligen; wenn die Spermatophore fertig ist, schwinden sie hin, und das Gewicht des Tieres geht auf zwei Drittel herunter. Es dauert mehrere Tage, bis das Männchen wieder „auf der Höhe" ist, und in dieser Zeit singt es nicht.

Ob ein Territorialgefühl, ähnlich wie das eben für die Grillen erwähnte, auch den Laubheuschrecken zukommt, wissen wir noch nicht; daß aber die vorher genannte Strauchschrecke Abend um Abend auf demselben Blatt oder Zweig singt, ja Jahr um Jahr (wie man das nun wieder verstehen soll, da es ja nicht dasselbe Individuum sein kann), könnte darauf hindeuten. Einen Warngesang wie bei den Grillen hört man aber nicht.

Dagegen haben die Laubheuschrecken oft einen Wechselgesang, sowohl mit eigenen Artgenossen als mit fremden, ja sogar mit ganz andersartigen Lauten. Dieser Wechselgesang ist kein ganz neuer Gesang, sondern er besteht einfach darin, daß der Gesang, der ja oft nur aus einer regelmäßigen Wiederholung einer Silbe oder eines Verses besteht, sich rhythmisch einem anderen Laut einordnet. Die erwähnten ein- oder mehrsilbigen Verse bei der Sattelschrecke können z. B. mit doppelten Intervallen abgegeben werden, zwischen die der andere Sänger sein kleines Chirp einfügen kann. Oder sie werden mit dem gewöhnlichen Rhythmus gesungen, und der zweite Sänger fügt sein Chirp zwischen zwei des ersteren ein. Zusammen wird dann der Rhythmus zweimal so schnell.

Die Amerikaner haben einige Laubheuschrecken, die sie
Katydiden nennen. Das Wort klingt ja ganz wie die lateinischen
Bezeichnungen, die die Entomologen ihren Arten und Familien

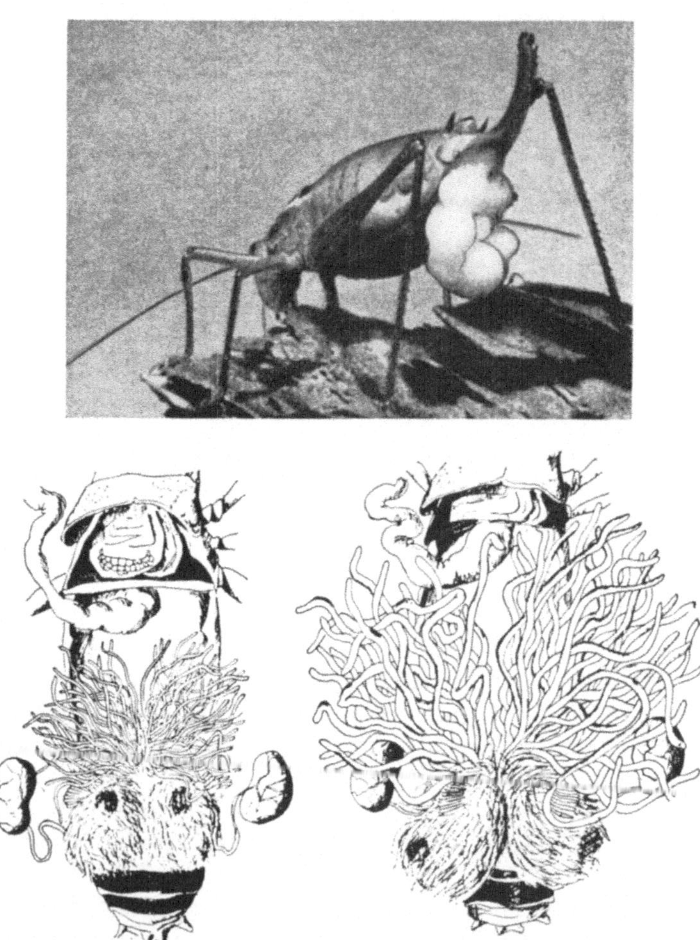

Abb. 20. Die Spermatophore einer Laubheuschrecke ist ein prunkvolles Ding.
Oben am Weibchen angebracht (*Isophya pyrenea*, nach HARZ), unten die
Geschlechtsorgane des Männchens vor und nach der Bildung der Spermato-
phore (*Ephippiger bitterensis*, nach BUSNEL, DUMORTIER u. BUSNEL)

geben, aber der Ursprung ist in der Tat ein anderer. Der Gesang dieser Heuschrecken besteht aus drei oder mehr aufeinanderfolgenden, recht starken Chirps, die die Amerikaner als „Katy did" und „Katy didn't" deuten — „but they never tell us what it is Katy did" fügen sie hinzu. Daher der feierlich klingende Name! Diese Katydiden sind in den nordamerikanischen Wäldern ungemein verbreitet, und wenn sie alle um die Wette singen, geht es wie ein rhythmisches Brausen durch den Wald. Daß sie auch einen Wechselgesang haben, entdeckte ALEXANDER eines Tages, als er auf seiner Schreibmaschine tippte; eine Katydide, *Pterophylla camellifolia*, saß außerhalb des Hauses und sang, und plötzlich entdeckte ALEXANDER, daß sie dem Rhythmus seiner Maschine folgte. Er versuchte schneller zu schreiben, dann wieder langsamer, und siehe da, sie folgte ihm genau. Wahrscheinlich hat sie seine Schreibmaschine für einen Art- und Geschlechtsgenossen gehalten!

Übrigens gab eben dieser Wechselgesang dem Österreicher REGEN in den ersten drei Jahrzehnten dieses Jahrhunderts die Möglichkeit, festzustellen, daß die Heuschrecken tatsächlich hören, also Sinusschwingungen in der Luft auffassen, wie ich später berichten will. Seine Untersuchungen wurden mit einem Verwandten unserer Strauchschrecke, der Alpen-Strauchschrecke, *Pholidoptera (Thamnotrizon) aptera*, ausgeführt, und er konnte sogar selber mit ihnen den Wechselgesang singen, mit Saiteninstrumenten und Flöten, ja selbst mit dem Munde, nämlich dem Laute S. Er beschreibt lebhaft, daß er, als ihm dies das erste Mal gelang, vor Staunen den Takt verlor, worauf die Heuschrecke eine kleine Pause machte und ihn wieder in den richtigen Rhythmus brachte.

Eine Feldheuschrecke wirbt

Wir haben jetzt von dem Spontangesang und Wechselgesang der Grillen und Laubheuschrecken gehört, bei den Grillen auch einen Werbegesang kennengelernt und Ansätze zu einem Warngesang. Das alles ist aber rein gar nichts gegen die Künste einer Feldheuschrecke. Wir können als Beispiel einen unserer kleinen, auf dürren Feldern und Grabenrändern herumspringenden Sänger nehmen, den braunen Grashüpfer, *Chorthippus brunneus*; sein erotisches Gesangsleben wurde in Worten von den Deutschen Faber und Jacobs beschrieben (beide 1953), und mit Oszillogrammen von Loher u. Broughton (1955), dem Holländer Perdeck, und ganz besonders von Haskell in England (beide 1957). Vorerst müssen wir aber sehen, wie die Feldheuschrecken überhaupt singen. Das geschieht nämlich in einer Weise, die prinzipiell der im vorigen beschriebenen entspricht, aber unter Verwendung ganz anderer Körperteile.

Während alle männlichen Grillen und Laubheuschrecken, die Flügel haben, spielen, gilt dies nicht für die Feldheuschrecken. Die ganze Familie der Dornschrecken, *Tetrigidae*, diese kleinen kantigen Tiere mit langer, nach hinten gerichteter Verlängerung der Vorderbrust, ist stumm und, wahrscheinlich damit zusammenhängend, taub; Gehörorgane fehlen.

Die zweite Familie, die Knarrschrecken, *Catantopidae*, spielt auch nicht „orthodox", aber ihre Angehörigen haben Gehörorgane, und von einem Vertreter, der wärmeliebenden italienischen Schönschrecke, *Calliptamus italicus*, weiß man, daß er die Oberkiefer (die Mandibeln) gegeneinander reibt und dadurch singt (Faber, 1949) (Abb. 21). Mit diesem einfachen Werkzeug kann er sogar Spontangesang, Werbegesänge verschiedener Art, Rivalengesang usw. hervorbringen, ganz entsprechend dem „orthodox" hervorgebrachten Gesang.

Orthodox nennt man nämlich mit einem lustigen Wort die Methoden, die bei den drei großen Orthopteren-Gruppen üblich sind: nämlich Flügelreiben, wie wir es von den Grillen und Laubheuschrecken gehört haben, sowie bei den Feldheuschrecken Aneinanderreiben von Hinterschenkeln und Flügeln. Das können wir mit ein wenig Glück alle beobachten, wenn wir versuchen, einer singenden Feldheuschrecke genügend nahe zu kommen.

Man nimmt allgemein an, die Feldheuschrecken und die Laubheuschrecken seien, phylogenetisch betrachtet, weit voneinander entfernt, d.h. ihre Entwicklung habe zu einem sehr frühen Zeitpunkt in der Entwicklungsgeschichte der Insekten einen verschiedenen Lauf genommen. Es ist deshalb recht interessant, daß man kürzlich (Loher, 1959) entdeckt hat, daß bei einer der gewöhnlichen Wanderheuschrecken, *Schistocerca gregaria*, die ja eine Feldheuschrecke ist, Ansätze zur Stridulation mit den Flügeln

vorkommen; sie heben die Flügel ganz leicht, um Platz für die
Stridulation zu haben, und reiben dann alle vier Flügel gegeneinander. Sie können sogar in dieser Weise zwischen zwei ver-

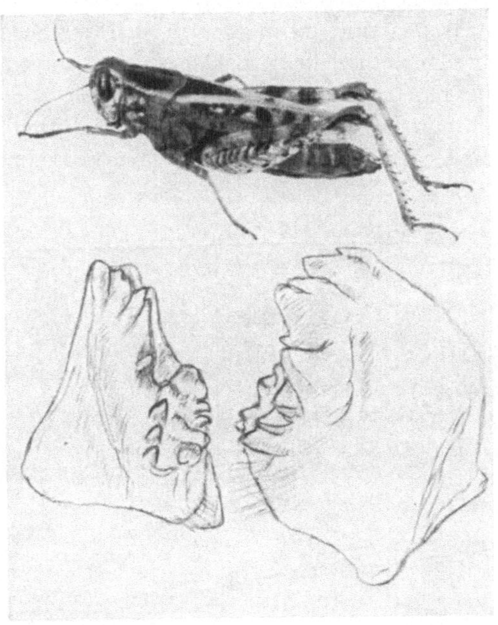

Abb. 21. Die Schönschrecke, *Calliptamus italicus* und seine unglaublich
kräftigen Oberkiefer von der Seite (rechts) und von der Kau- (und „Spiel-")
fläche. (Orig.)

schiedenen Gesängen wählen. Eine morphologische Umbildung
der Flügel haben aber diese Manöver nicht zuwege gebracht.

Die allermeisten Feldheuschrecken, nämlich die Familie
Acrididae, spielen also in der orthodoxen Weise, aber auch sie ist
das Resultat zweier verschiedener Entwicklungswege.

Bei der einen Unterfamilie, *Oedipodinae*, trägt die Innenseite
der Hinterschenkel eine scharfe Kante, das Plektrum, und an dem
Vorderflügel ist eine besondere Ader, die Vena intercalata oder
mediastina, entwickelt, die mit Dornen oder Knospen versehen
ist. Sie ist die Feile, auf der das Plektrum spielt. Diese Ader ist in

der Tat nicht eine der gewöhnlichen Adern, sondern ein besonders
zu diesem Zweck entwickelter Teil der Flügelfläche; wenn die
Flügel in Ruhe sind, hebt sich diese Ader wie ein Dachfirst ab,
wie Abb. 22 zeigt. Es kann schwierig sein, sie an der Flügelfläche zu entdecken, weil alle Adern, Längs- und Queradern, mit
Knospen versehen sind; aber die Knospen der Feile sind doch
deutlich kräftiger entwickelt. In Dänemark kommen von dieser
Unterfamilie nur die Schnarrschrecke, *Bryodema*, und die Sumpfschrecke, *Mecostethus*, vor, die beide mit einer dritten und vierten
Methode singen (s. S. 91); aber in Mitteleuropa kennt man viele

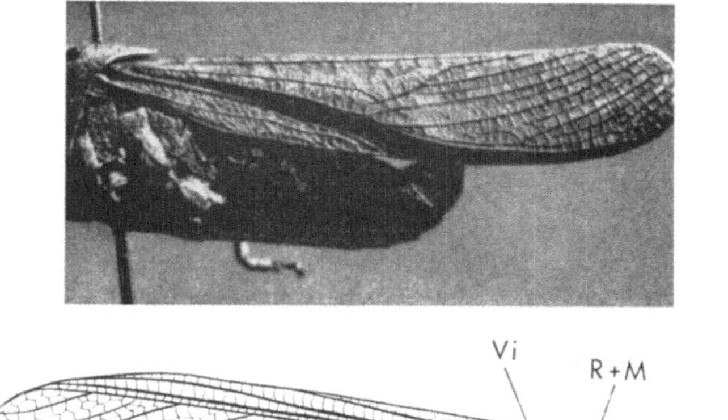

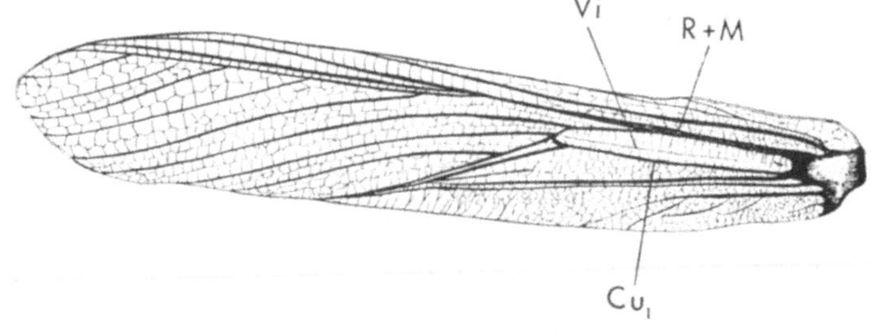

Abb. 22. Flügel von Oedipodinen. Wenn die Flügel in Ruhestellung sind, tritt
eine Rippe (Vi) dachartig hervor; sie trägt kleine Knoten, auf denen der
Hinterschenkel spielen kann. Oben nach Jacobs, unten nach Dumortier
in Busnel: "Acoustic Behaviour of Animals"

andere Gattungen, so z. B. Klapperschrecken, *Psophus*, Sand-
schrecken, *Sphingonotus*, Ödlandsschrecken, *Oedipoda*, mit roten
oder blauen Hinterflügeln, von der Wanderheuschrecke *Locusta
migratoria* nicht zu sprechen, die sogar bis nach Dänemark vor-
dringt.

Zu der anderen Unterfamilie, *Acridinae*, gehören wohl die gewöhnlichsten der nord- und mitteleuropäischen Feldheuschrekken, und merkwürdigerweise ist ihr Spielapparat gerade umgekehrt gebaut wie der der Oedipodinen. Noch merkwürdiger ist es, daß der Apparat zwar umgekehrt gebildet ist, die Feile am Schenkel und das Plektrum am Flügel, aber doch nicht genau umgekehrt. An der Innenseite der Schenkel sitzt eine Reihe von Knospen oder Zapfen, größere und kleinere, mehr oder weniger, bei den verschiedenen Arten. Sie sind ohne Zweifel umgebildete Haare oder Borsten, teils weil die Reihe oft in Borsten übergeht, teils weil sie

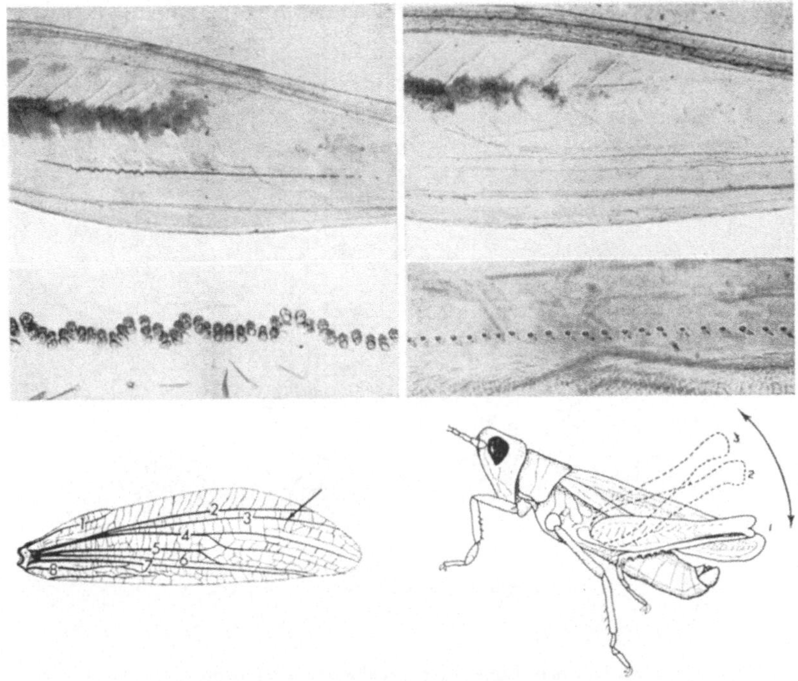

Abb. 23. Die „Musikleiste" bei einer Feldheuschrecke sitzt an der Innenseite des Hinterschenkels und besteht aus einer Reihe von Zapfen, die die mittleren Abbildungen in stärkerer Vergrößerung zeigen. Links die des Männchens, rechts die des Weibchens. Nach JACOBS. Unten links am Pfeil die Ader, auf der die Musikleiste spielt. Nach DUMORTIER in BUSNEL: " Acoustic Behaviour of Animals". Rechts die Beinstellung bei verschiedenen Gesängen. Nach BROWN

bei den Nymphen von Borsten repräsentiert werden, die sich während der Entwicklung in Zapfen umbilden. Diese sind am kräftigsten bei den Männchen, aber sie sind als kleine Knospen, obwohl in geringerer Anzahl, auch bei den Weibchen vorhanden. Die Feile sitzt ungefähr an derselben Stelle wie die Schrillkante bei den Oedipodinen; aber ihr dazugehöriges Plektrum ist nicht die überzählige Vena intercalata, sondern die Hauptader, die man Radius nennt. Bei den Acridinen ragt diese Ader ebenso hervor wie die überzählige Ader der Oedipodinen und steht auch in Ruhestellung wie ein Dachfirst ab. Die Flügel liegen dann leicht gewölbt über dem Hinterleib und bilden einen Hohlraum wie in einer Geige; FABER hat sogar die Spalte zwischen Flügeln und Hinterleib mit den F-Löchern der Geige verglichen!

Die Feile, die JACOBS die Musikleiste nennt, ist in Abb. 23 bei der roten Keulenschrecke, *Gomphocerus rufus*, abgebildet, einer kleinen, durch eine keulenförmige Verdickung an der Flügelspitze leicht kenntlichen Art. Die Bilder links in der Abbildung

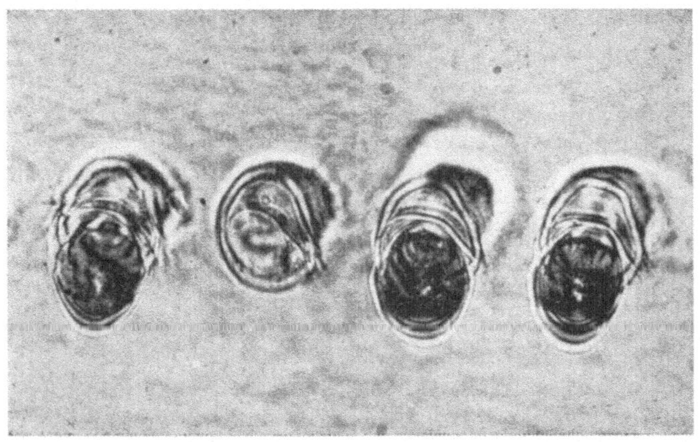

Abb. 24. Die einzelnen Zapfen der Musikleiste werden oben und vorne von einem kleinen Kragen gestützt. Nach JACOBS

zeigen die kräftigen Zapfen des Männchens, rechts die weit schwächeren und weiter auseinanderstehenden des Weibchens. Wenn die Heuschrecke spielt, entsteht der Gesang beim Abstrich; der Druck auf die Zapfen wird also von unten schräg nach vorne am stärksten, und die Zapfen werden deshalb oben von einem kleinen Kragen gestützt, wie Abb. 24 zeigt. Abb. 23 zeigt auch, daß die Zapfen gegen das Vorderende des Schenkels am dichtesten gedrängt stehen; FABER (1929) hat mathematisch ausrechnen wollen, daß dadurch während des Abstriches stets dieselbe Anzahl von Zapfen in der Zeiteinheit angeschlagen werde, und die Höhe der „Zahnfrequenz" also ungeändert bleibe. Das bleibt sie aber auch bei so wohlbekannten Arten wie dem braunen Grashüpfer, *Chorthippus brunneus*, und der gefleckten Keulenschrecke, *Gomphocerus maculatus*, wo die meisten Zapfen gerade im distalen Teil der Leiste gedrängt stehen; die Erklärung ist wohl, wie immer, komplizierter.

JACOBS (1953) hat die „Musikleiste" auch bei allen unseren einheimischen Acridiern abgebildet. Diese Feilen sind so verschieden, daß man sie als Art-Kennzeichen brauchen könnte, aber es hat sich gezeigt, daß sie bei Individuen aus z. B. Deutschland und Finnland, die man sonst zur selben Art rechnen würde, recht verschieden sein können; ohne ein größeres vergleichendes Studium kann man wohl schwerlich die Resultate von dem einen Lande auf das andere übertragen. Und da der Bau der „Musikleiste" eine Voraussetzung dafür ist, wie der Gesang lautet, kann man also auch nur mit Vorbehalt sagen, daß die Art überall gleich singt — letzten Endes hängt es ja davon ab, was man unter einer Art versteht; in einem späteren Kapitel will ich die Bedeutung des Gesanges für die Artbestimmung erörtern. Aber vorerst müssen wir endlich dazu kommen, über den Gesang zu sprechen, und wir wenden uns wieder unserem alten Freund, dem braunen Grashüpfer, *Chorthippus brunneus*, zu.

An sonnigen Spätsommertagen, wenn die Temperatur hinlänglich hoch wird, kann man seinen Gesang auf Feldern und Wiesen hören. Er besteht aus einem kurzen, trockenen Laut, wie FABER ihn bezeichnet, kaum eine halbe Sekunde lang und 6 bis 11mal wiederholt, mit einer oder zwei Sekunden Zwischenraum, der gegen Ende länger wird. Jeder dieser kurzen Chirps kann aus 4—5 Einheiten bestehen, wovon jede einer Auf-Ab-Bewegung des Schenkels entspricht, also eine Silbe ist (S. 17). Jede Silbe besteht aus einer Anzahl von Impulsen, wohl der Anzahl der Zähne in der Feile entsprechend, und das Ganze hat eine Frequenz von ungefähr 5 kHz. Aber die Silben folgen so dicht aufeinander, daß sie im Oszillogramm nicht sichtbar werden (Abb. 25).

Bei den meisten Feldheuschrecken können auch die Weibchen singen, und das Männchen wartet eine Antwort von einem Weibchen ab. Der Gesang der Weibchen ist schwächer, wie das Oszillogramm zeigt, die Zapfen der Feile sind ja weit schwächer; aber das Weibchen antwortet nur, wenn sie „in Stimmung" ist, buchstäblich, was die Engländer „in a responsive state" nennen, oder ebenso buchstäblich in deutscher Übersetzung „empfänglich". *Wann* sie empfänglich ist, werden wir später sehen. Wenn jetzt das Männchen auf seinen *Spontangesang*, von den Engländern auch *Lockgesang* genannt, eine Antwort erhält, dann antwortet auch er, und ein Wechselgesang beginnt, wie Abb. 25 E illustriert. Gleichzeitig wendet er sich in ihre Richtung und wandert langsam auf sie zu, macht dann und wann Halt, um sich durch erneuten Wechselgesang zu versichern, daß die Richtung nicht falsch ist. Es kann aber auch geschehen, daß sie sich zu ihm begibt; bei einigen Arten wandert nur das Weibchen, bei *brunneus* wandert das Männchen oder das Weibchen, oder am häufigsten beide. Bis zu 5 Sekunden können sie ohne erneuten Wechselgesang wandern; BUSNEL u. LOHER (1955) wollen ihnen deshalb eine „mémoire acoustique directionelle" zuschreiben, aber das ist doch ein wenig übertrieben; tatsächlich gehen sie nur „der Nase nach".

Wenn sie dann einander zu Gesicht bekommen — das geht ja alles unten im Grase vor sich, weshalb sie einander nahe kommen müssen, um sich zu sehen — geht das Männchen zum Werbegesang über, in dem die einzelnen Chirps schneller aufeinanderfolgen, 5—8 Chirps pro Sekunde, und mit etwas niedrigerer Frequenz, etwa 4 kHz (Abb. 25 C). Wenn das Weibchen dabei ruhig verweilt, endet es damit, daß er in einem plötzlichen Ruck und mit einigen kräftigen ji-artigen Chirps auf ihren Rücken hinaufspringt. Diese kleine Strophe nennt HASKELL den Triumphgesang, die Deutschen nüchterner den Anspringlaut; sie ist bei einigen Arten weit mehr ausgeprägt als bei *brunneus*.

Falls der Sprung gelingt, richtet er sich in dieselbe Richtung ein wie sie und führt das Paarungsorgan in ihre Geschlechtsöffnung ein, um dort die Spermatophore abzusetzen. Dieser Prozeß verlangt natürlich Ruhe, und wenn sie gestört oder unruhig wird, dann singt er einen „beruhigenden" Paarungsgesang für sie, dessen einzelne Chirps kürzer und wie schroffer sind (Abb. 25 D). Ist dann die Begattung zu Ende geführt, die Spermatophore ab-

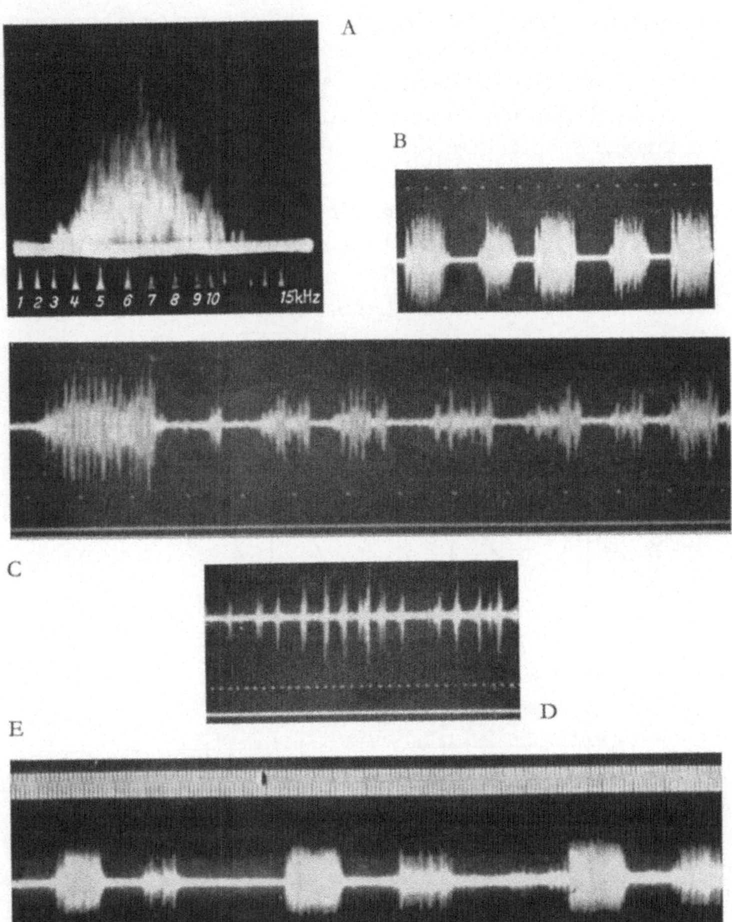

Abb. 25. Schallspektrogramm (A, nach LOHER u. BROUGHTON) und Oszillogramme des Gesanges von *Chorthippus brunneus*. B: zwei Männchen singen einen Wechselgesang, C der Werbegesang, D der Paarungsgesang und E der Wechselgesang zwischen Männchen (zuerst) und Weibchen (der schwächere Gesang). Nach HASKELL

gesetzt, dann scheiden sich die Partner; er, um recht schnell eine neue Balz zu beginnen, sie, um ein wenig zu Atem zu kommen.

Dies mit der empfänglichen Stimmung ist nämlich recht wesentlich für das Weibchen. Sie muß ihre Eier befruchten lassen und sie dann ablegen, das Männchen muß nur eine neue Spermatophore bilden, und das kann er sogar während der Paarung machen (MIKA, 1959, bei der Wanderheuschrecke, *Locusta migratoria*). Nach der Begattung ist das Weibchen deshalb unempfänglich für kürzere oder längere Zeit, nämlich bis sie ihre Eier abgelegt hat. HASKELL hat die ganz merkwürdige Tatsache entdeckt, daß das Weibchen in einem Käfig mit unablässig singenden Männchen unempfänglich bleibt. Wird sie dagegen während der Eiablage isoliert, so ist sie schon nach einigen Stunden wieder bereit. Eine Gewichtskurve (Abb. 26) zeigt dies sehr deutlich:

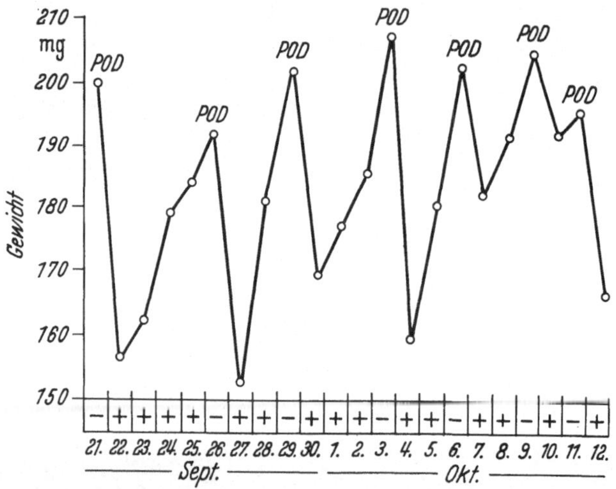

Abb. 26. Kurve des Gewichts eines Weibchens von *Chorthippus brunneus*. Unten die Daten, wenn sie „empfänglich" ist (+) oder nicht (—). Bei „pod" werden die Eier abgelegt und das Gewicht fällt enorm, um dann wieder zu steigen, während die Eier reifen, und nur dann ist sie empfänglich. Nach HASKELL

wenn sie mit Eiern gefüllt ist, ist sie am schwersten und antwortet nicht auf den Ruf des Männchens. Warum sie es gar nicht tut, wenn sie ihn dauernd um sich hat, ist noch ungeklärt.

Aber unser kleiner Freund hat noch einen Gesang, der bei dieser Art ganz besonders entwickelt ist, nämlich einen *Wechselgesang der Männchen*, der sehr oft in einen *Rivalengesang* übergeht. WEIH (1951) hat diesen Gesang besonders eingehend untersucht und gefunden, daß der normale Wechselgesang vom Rivalengesang verschieden ist. Die Männchen singen sehr eifrig den Wechselgesang, sie können sich sogar von einem Werbegesang ablenken lassen, wenn sie die „Aufforderung" eines anderen Männchens zum Wechselgesang hören. Sie fallen pünktlich in den Rhythmus ein, so daß ein Chirp des zweiten Männchens genau zwischen zwei des ersten fällt. WEIH konnte künstlich das eine Männchen nachahmen und dadurch den Rhythmus erhöhen, aber wenn er einen Rhythmus von einem Chirp pro Sekunde erreichte, dann hörte das zweite Männchen augenblicklich auf oder ging zum Rivalengesang mit zwei Chirps pro Sekunde über. Bei dem verwandten Nachtigall-Grashüpfer, *Chorthippus biguttulus*, der auch einen, wenn auch weniger entwickelten Wechselgesang hat, konnte er nachweisen, daß der Abstand zwischen den Männchen von großer Bedeutung war: bei einem Abstand von 12 cm bis 1 m hört man den gewöhnlichen Antwort-Gesang, von 2—12 cm den Rivalengesang und unter 2 cm einen besonders kurzen und irritierten „Störungslaut".

Diesen „Störungslaut" können die Männchen z. B. ausstoßen, wenn ein zweites Männchen zudringlich wird, während ersteres sich zur Paarung vorbereitet; aber sie können sich auch dabei des Rivalengesanges bedienen. Die zwei Rivalen sehen sich dann streng in die Augen und singen, immer eifriger rivalisierend; aber zu Tätlichkeiten kommt es nie. Dagegen versäumen sie dabei oft den Gegenstand ihres Zwistes, und falls das Weibchen kein besonderes Interesse an solchen Sängerkriegen hat, dann macht sie sich auf und davon.

Ich habe hier so ausführlich vom braunen Grashüpfer erzählt, weil diese Art über ein recht großes Register verfügt. Man kann aber nicht von ihr auf die anderen Feldheuschrecken schließen; einigen fehlt der Werbegesang, die wenigsten haben einen so ausgesprochenen Wechselgesang, einige machen viel Wesen aus dem Triumphgesang, und so fort; eine Bestimmungstabelle auf gesanglicher Grundlage soll hier nicht gegeben werden. Übrigens hat

4*

Faber schon 1928 eine solche Tabelle gebracht, die zwar schwierig zu gebrauchen ist, wenn man nicht selbst die verschiedenen Stimmen gehört hat; aber er hebt hervor, daß man ganz ausgezeichnet die Verbreitung der Heuschrecken gleichzeitig mit anderen Untersuchungen kartieren kann, wenn man ihren Gesang kennt — eben so wie die Ornithologen die Verbreitung der Vögel kartieren. Nur muß man dazu ein feines Ohr haben und ein sicheres Gedächtnis für Laute.

Eine kleine Zusammenfassung

Laßt uns kurz zusammenfassen, was wir bis jetzt gelernt haben.

Die *Laubheuschrecken* spielen mit den Flügeldecken, die linke über der rechten. Jeder Zahn-Anschlag gibt eine Impuls-Modulation einer Trägerfrequenz. Das Frequenzspektrum ist sehr weit, von wenigen Kilohertz bis über 100 und mit mehreren Gipfeln. Das Weibchen ist meistens stumm. Das Männchen hat einen Spontangesang, der das Weibchen anlockt, und häufig daneben einen Wechselgesang. Das Weibchen besteigt das Männchen während der Begattung, und die oft sehr große Spermatophore wird vor der Begattung gebildet und neben der Geschlechtsöffnung des Weibchens abgesetzt.

Die *Grillen* spielen auch mit den Flügeldecken, die rechte über der linken. Jeder Zahn-Anschlag gibt eine Sinusschwingung, die Zahnfrequenz ist also gleich der Trägerfrequenz und beträgt nur wenige Kilohertz, mit einem sehr engen Spektrum. Das Weibchen ist stumm. Das Männchen hat einen Spontangesang, der das Weibchen anlockt, und einen Werbegesang, der es animiert. Das Weibchen besteigt das Männchen während der Begattung, und die kleine Spermatophore wird neben der Geschlechtsöffnung des Weibchens abgesetzt. Die Männchen haben Rangordnung und Territorialgefühl und eine Nachbalz-„Monopolisierung" vom Weibchen.

Die *Feldheuschrecken* spielen mit den Hinterschenkeln gegen die Flügeldecken, aber viele sind stumm oder verwenden andere Methoden. Jeder Zahn-Anschlag gibt eine Impuls-Modulation und das Spektrum ist weit, breit glockenförmig, zwischen 3 und 15 kHz. Die Weibchen haben auch einen Spielapparat, der

aber meist weniger vollkommen entwickelt ist, und beim Spontangesang, der sich mehr oder weniger als ein Wechselgesang ge-
stalten kann, geht das Männchen zum Weibchen oder umgekehrt,
oder beide gehen zueinander. Das Männchen kann darüber hinaus
Wechselgesang, Rivalengesang und Störungslaute in Verbindung
mit anderen Männchen haben, und Werbegesang, Triumphgesang
und Paarungsgesang in Verbindung mit den Weibchen während
der Balz. Diese Gesänge sind jedoch nicht immer alle bei den
verschiedenen Arten vorhanden. Das Männchen besteigt (be-

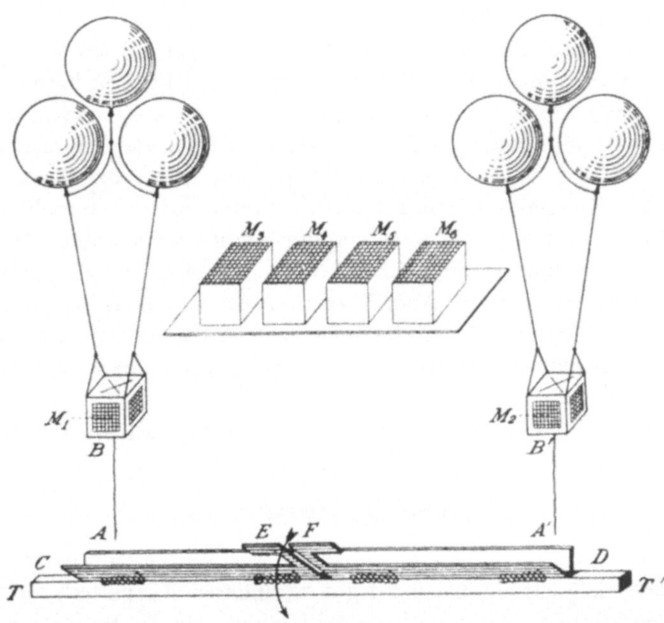

Abb. 27. Wie REGEN zeigte, daß die Heuschrecken Schwingungen in der Luft
wahrnehmen. M_1 und M_2 sind die freischwebenden Männchen, die mit
M_{3-6} einen Wechselgesang singen. Der Mechanismus unten dient nur der
Loslösung der Ballons. Nach REGEN

springt) das Weibchen während der Begattung, und die recht
kleine Spermatophore wird *in* der Geschlechtsöffnung des Weibchens angebracht.

Obwohl ein wenig verallgemeinernd, gibt diese Übersicht doch in großen Zügen den Unterschied in der Bedeutung des Gesanges bei den drei großen Orthopteren-Gruppen wieder.

Dies hat ja aber alles eine notwendige Voraussetzung, nämlich daß die Tiere hören können; wären sie taub, wäre ja das ganze Tirilieren umsonst, und eine „Zusammenarbeit" käme nicht zustande. Nichtsdestoweniger hat man sich lange Jahre hindurch gestritten, ob die Insekten hören, d.h. auf luftgetragene Schwingungen ansprechen, oder ob ihre Reaktionen alle nur darauf beruhen, daß sie Schwingungen der festen Unterlage wahrnehmen.

Auf diese Diskussion jetzt einzugehen hat keinen Zweck; die Frage wurde von REGEN 1914 endgültig gelöst. Er hatte den Wechselgesang der Laubheuschrecke *Pholidoptera (Thamnotrizon)* entdeckt und gefunden, daß er selbst als Partner mitmachen konnte (s. S. 41). Danach lag die Lösung nahe: die Tiere in kleinen Käfigen unterzubringen, die unter Ballons aufgehängt in der Luft frei schwebten; konnte REGEN auch unter diesen Umständen mit den Heuschrecken singen, dann reagierten sie auf Luftschwingungen. Abb. 27 zeigt die prachtvolle Einrichtung; die Tiere richteten ihren Gesang sowohl nach einander als auch nach ihm ein — und damit war es ausgemacht, daß sie hören konnten.

Im folgenden werden wir ein wenig näher untersuchen, *wie* sie hören.

Das Ohr der Heuschrecken

Wir Menschen sind so gewohnt, die Ohren am Kopf zu wissen, daß wir sie uns nicht gut an anderen Körperteilen vorstellen können, und doch ist es sehr selten, daß die Insekten mit Organen hören, die am Kopfe sitzen. Die Tiere, von denen wir bisher sprachen, haben *Hörhaare*, also Sinneshaare, die Schallbewegungen in der Luft registrieren, an manchen Körperstellen und besonders an den Schwanzanhängen; aber darüber hinaus haben sie einige sehr schön entwickelte Gehörorgane, die sogenannten *Tympanalorgane*, an den Vorderschienen bzw. am Hinterleib. Wir wollen zuerst den Bau dieser Organe etwas näher in Augenschein nehmen.

Schaut man die Vorderschienen z. B. unserer gewöhnlichen grünen Laubheuschrecke an, dann sieht man oben zwei Längsspalten, an jeder Seite eine. Sie führen jede zu einer Trommelhöhle, die abgesehen von der Spalte von einem Deckel überdeckt ist. Wird dieser entfernt, blickt man direkt auf ein Trommelfell; bei den Grillen, die keinen Deckel haben, liegt das Trommelfell frei an der Oberfläche des Beines. Schneidet man die Schiene an dieser Stelle quer durch, und das ist eine leichte Operation, die jedermann ausführen kann, dann sieht man innerhalb jedes Trommelfells einen Hohlraum; diese zwei Hohlräume sind nur durch eine dünne, etwas steif bewegliche Membran getrennt. Die beiden Hohlräume sind sogenannte *Tracheenblasen.*

Das hängt folgendermaßen zusammen. Während die Menschen durch die Lungen atmen, in deren Wand ein feines Haargefäß-System das Blut mit der Luft in Verbindung bringt zur Sauerstoff-Aufnahme und Kohlensäure-Abgabe, worauf das Blut den Sauerstoff durch das Blutgefäß-System auch an die entferntesten Teile des Körpers bringt, — findet man kein solches geschlossenes Blutgefäß-System bei den Insekten, in deren Körperhöhle die Organe im großen ganzen nur in Blutflüssigkeit gebadet liegen. Damit auch hier der Sauerstoff in den ganzen Körper gebracht werden kann, müssen die „Lungen" sich sozusagen zu einem geschlossenen System verzweigen. Ein solches System ist das Tracheensystem, ein Netz von Röhren, die nach außen durch eine verschiedene Anzahl von Atemöffnungen, den Stigmen, mit der Umwelt in Verbindung stehen, während sie sich nach innen in immer feineren Ästen in den ganzen Körper verzweigen. Hie und da können sich diese Tracheen zu größeren Blasen erweitern, und zwei solche Tracheenblasen sind es, die in den Vorderschienen liegen und deren Hohlraum fast ausfüllen. Nur wenig Platz ist nach vorne und hinten für das übrige „Eingeweide" des Beines übriggeblieben: für die Nerven, die Blutflüssigkeit, Muskeln und Sinnesorgane. Denn vorne an der Wand einer dieser Tracheenblasen liegt das Gehörorgan selbst. — Es ist übrigens nicht unwesentlich, daß das Vorderstigma, worin die Tracheenblasen ausmünden, zweigeteilt ist, gerade in Verbindung mit der Entwicklung dieser Blasen und des Tympanalorgans: ein vorderes, meist großes Stigma, immer offen, führt zum Tympanalorgan, ein kleineres hinten, das geöffnet und geschlossen werden kann, führt zu dem übrigen Atemsystem (ANDER, 1939). Das erinnert ja an unsere eustachische Röhre, aber die physiologische Bedeutung bleibt dahingestellt.

Abb. 28 erläutert all dieses, und rechts in der Abbildung sieht man deutlich das Sinnesorgan, das ein sogenanntes *Chordotonalorgan* ist. Auf den feineren Bau will ich sogleich eingehen; im

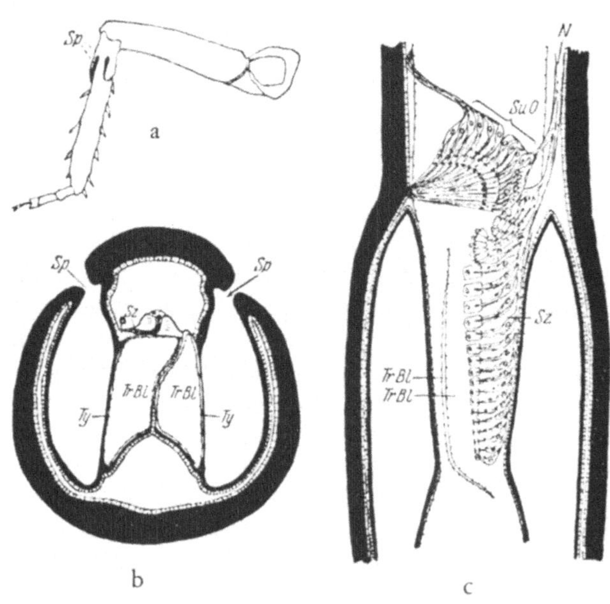

Abb. 28. Das Ohr einer Laubheuschrecke. Oben links das Vorderbein mit der Spalte (Sp) zur Trommelhöhle, unten links Querschnitt durch die Vorderschiene mit den zwei Trommelfellen (Ty) und den zwei Tracheenblasen (TrBl). Rechts ein Längsschnitt mit dem Sinnesorgan selbst: dem Chordontonalorgan (Sz) und dem Nerven (N) sowie dem Subgenualorgan (SuO). Nach KRÖNING

großen ganzen aber besteht es aus einigen Sinneszellen, die einen Sinnesstift, den Skolopalen, gegen die Oberfläche hin tragen, während sie sich nach innen in einen Nervenfaden fortsetzen, der noch weiter ins Zentralnervensystem hinein leitet. Diese Sinneszellen sind der Länge nach in einer *Crista acustica* geordnet; man

56

hat darin eine Ähnlichkeit mit unserer eigenen Basilarmembran sehen wollen. Die Ursache zu diesem Bau ist nicht bekannt.

Weit eingehender ist das Gehörorgan der Feldheuschrecken untersucht worden, besonders der Wanderheuschrecke, *Locusta migratoria migratorioides*. Abb. 29 zeigt es, wie wir es alle sehen

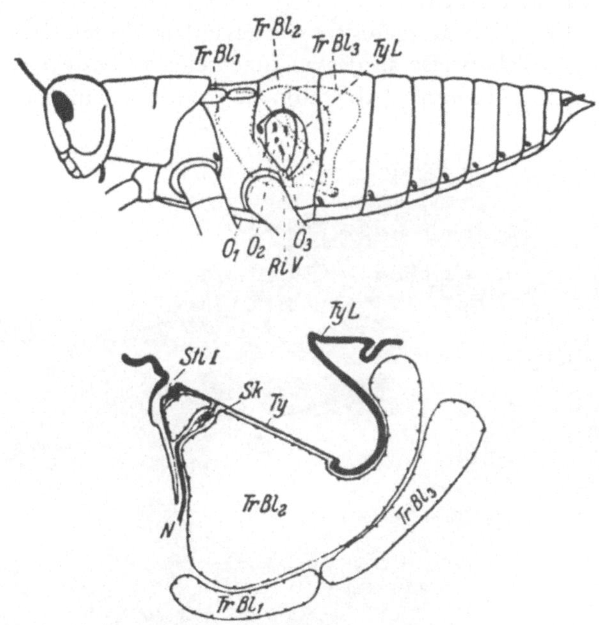

Abb. 29. Das Ohr einer Feldheuschrecke mit Trommelfell und „Ohrläppchen" (TyL) sowie den Tracheenblasen (TrBl). O₁₋₃ und RiV sind Sinnesorgane an der Innenseite des Trommelfelles, das Chordontonalorgan. — Unten das Ohr im Querschnitt mit den Sinneszellen (Sk), dem Nerven N und dem ersten Hinterleibsstigma (Sti I). Nach KRÖNING

können, am vorderen Teil des Hinterleibs, als ein freiliegendes Trommelfell, von vorne durch eine Art „Ohrläppchen" verdeckt. Innen vom Trommelfell befindet sich eine Tracheenblase, und die beiderseitigen Blasen stoßen mehr oder weniger direkt aneinander an. Auch diese Tracheenblasen stehen durch ein besonderes Stigma mit der Umwelt in Verbindung. Das Chordotonalorgan sitzt in diesem Falle auf dem Trommelfell selbst, und seinen feineren Bau hat GRAY (1960) mit dem Elektronenmikroskop untersucht, das bekanntlich ein sehr viel höheres Auflösungsvermögen hat als das gewöhnliche Lichtmikroskop — seiner Natur entsprechend — und dadurch die Beobachtung von weit mehr Einzelheiten ermöglicht. Da GRAYS Resultate ohne Zweifel für alle Chordotonalorgane zutreffen, ist es verlockend, sie hier ausführlicher zu beschreiben.

Das Chordotonalorgan sitzt wie gesagt am Trommelfell selbst und begreiflicherweise an dessen Innenseite; es besteht aus verschiedenen „Körpern" (Abb. 30), die in drei aufeinander senk-

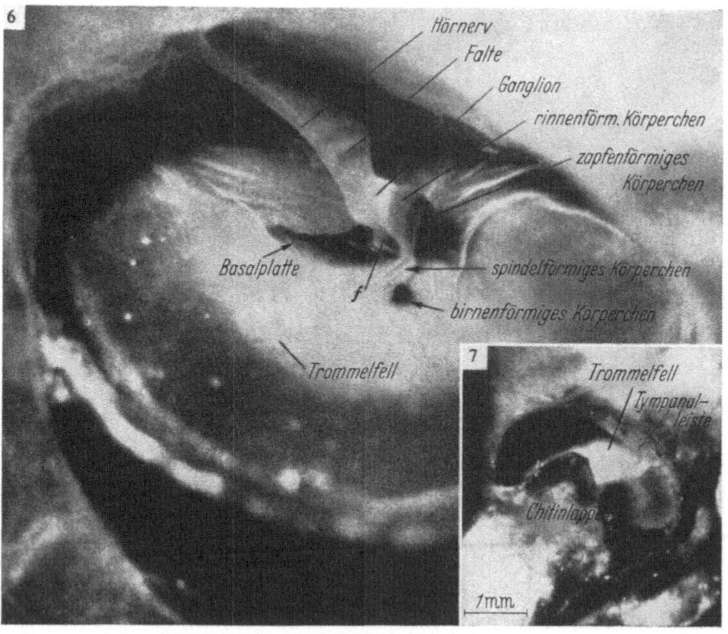

Abb. 30. Das Trommelfell einer Wanderheuschrecke von innen gesehen (das große Bild) und von außen mit dem „Ohrläppchen". Nach GRAY

rechten Ebenen angeordnet sind, und die verschiedene Eigenschaften der Laute registrieren (s. S. 71); sie enthalten die Sinneszellen und haben durch den Gehörnerven mit dem Brustganglion Verbindung. Abb. 31 zeigt schematisch drei solcher Sinnes-Einheiten. Die bipolare Nervenzelle hat einen großen runden

58

Kern; nach innen bildet seine Fortsetzung ein sogenanntes Axon
(ax) im Gehörnerven, der aus insgesamt 60—80 solcher Axonen
besteht; nach außen setzt es sich in einen Ausläufer, den Dendriten
(den), fort, der zu äußerst einen Skolopalen (scol), den Sinnesstift, trägt. Dieser ist noch von einer Art Kappe (cap) gedeckt,

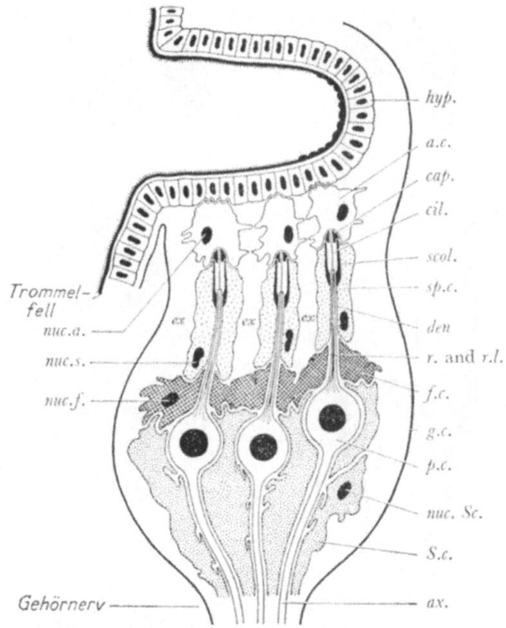

Abb. 31. Drei Sinneszellen im Heuschreckenohr. Siehe Text. Nach GRAY

die wieder in eine Kappenzelle hineinpaßt, die mit der inneren
Schicht des Trommelfells, der Hypodermis (hyp), verbunden ist.
Aber das Spannendste ist das, was im Dendriten selbst vor sich
geht (Abb. 32).

Ganz unten beim Kern findet man nämlich im Dendriten eine
Anzahl kleiner „Wurzeln", rootlets genannt, die sich weiter nach
außen zu einer einzelnen Wurzel (r) vereinigen, sich dann in
einen sogenannten Wurzelapparat (r. a.) auflösen, mit gleichsam
neun konzentrischen Fingern um einen Hohlraum herum, und
sich endlich innerhalb etwas, das GRAY eine Cilie nennt (cil),

fortsetzen. Diese Cilie ist die direkte Verlängerung des Dendriten in die Kappe (cap); aber in der Cilie laufen die neun Fibrillen, die die Verlängerung der Finger des Wurzelapparates sind. In ge-

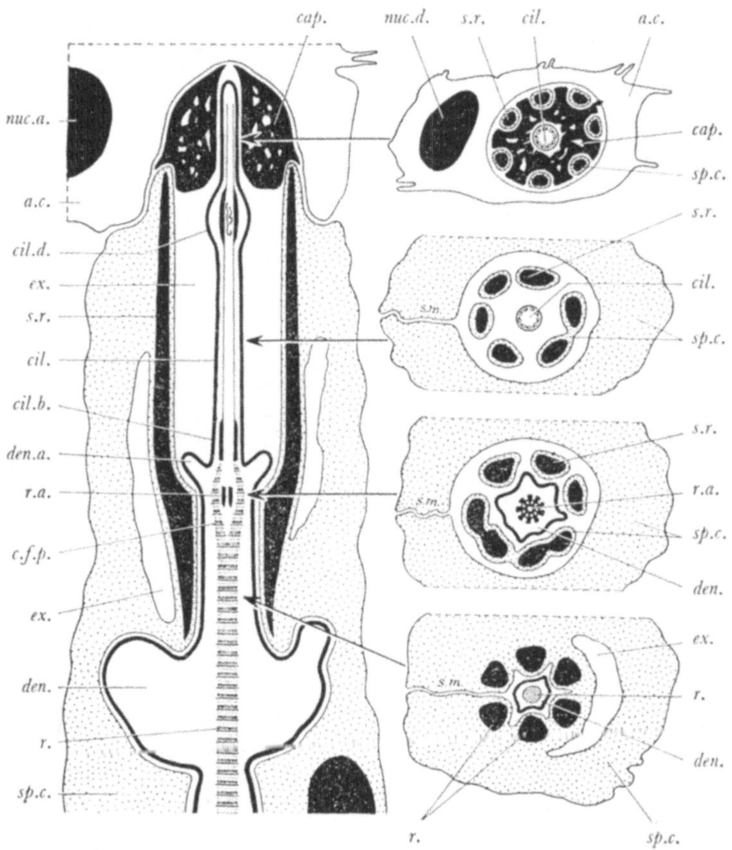

Abb. 32. Das Außenende der Sinneszelle, schematisch. Rechts Querschnitte der durch die Pfeile bezeichneten Stellen. Siehe Text. Nach GRAY

lungenen Querschnitten (Abb. 33) kann man sehen, daß diese neun Fibrillen aus je einem Stäbchen und einem Röhrchen bestehen. Gegen die Spitze hin erweitert sich die Cilie ein kurzes Stück (cil. d.), und hier werden die Fibrillen breiter, und ein ge-

wundener Faden wird unter ihnen sichtbar. Abb. 33 zeigt einen
Querschnitt von Skolopalzelle, Skolopal, Dendrit und Cilie
nahe der Spitze des Dendriten; der Skolopal besteht in der Tat
aus einer Anzahl Stäbchen (s. r.). Das kleine Bild zeigt einen

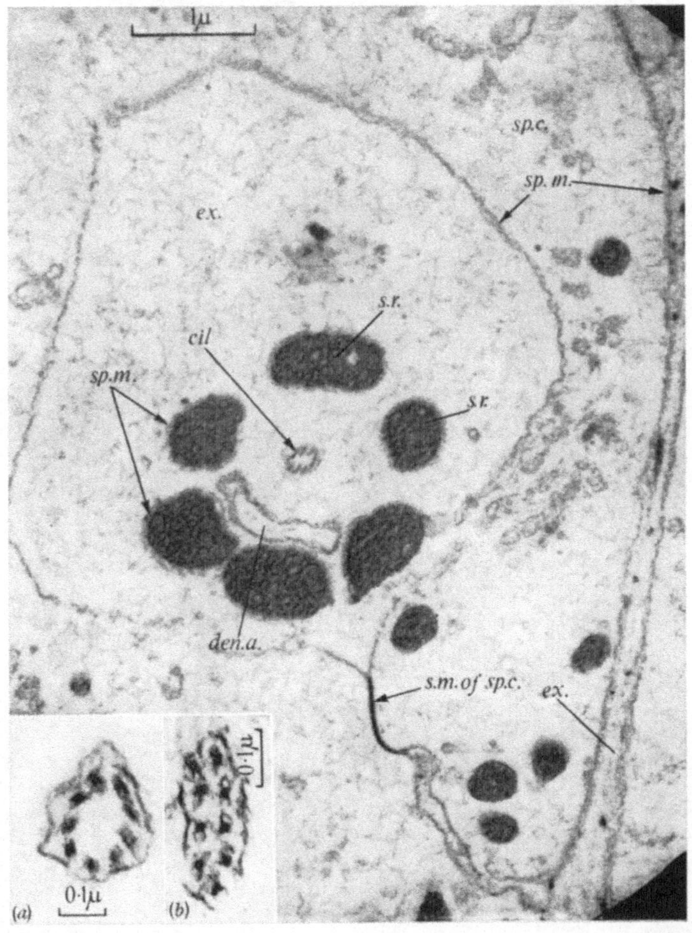

Abb. 33. Querschnitt an der Spitze der Sinneszelle, etwa 17 000mal vergrößert;
das kleine Bild, das einen Querschnitt vom Cilium zeigt, ist etwa 60 000fach
vergrößert. Nach GRAY

Querschnitt durch die Cilie. Das kleine Bild ist etwa 60 000 mal vergrößert, das größere etwa 17 000 mal. Abb. 34 zeigt einen Längsschnitt, worin man auch die Querstreifung der „Wurzel"

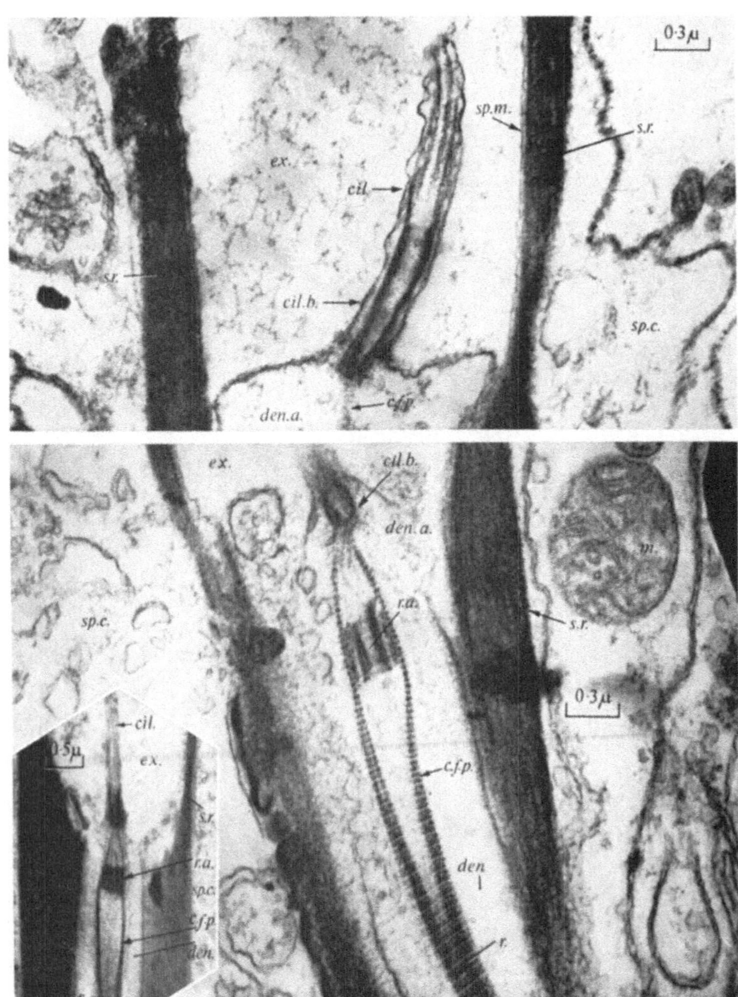

Abb. 34. Elektronenmikrographie eines Längsschnittes der Sinneszelle, etwa 20 000 mal vergrößert. Nach GRAY

und ihrer „Finger" am Wurzelapparat sieht, bei 20000facher Vergrößerung.

Es war die Zahl 9, die GRAY bewog, von einer Cilie zu sprechen, obgleich er wußte, daß Cilien bisher bei keinem Gliedertier gefunden worden sind; ja daß ihr Fehlen sogar als eines der Charakteristika der Gliedertiere betrachtet wird; vorsichtigere Forscher sprechen deshalb von einem „cilien-ähnlichen Gebilde". Es hat sich nämlich während der elektronenmikroskopischen Untersuchungen verschiedener Teile der Zelle, die in den letzten Jahren gemacht worden sind, gezeigt, daß z.B. die Wimperhaare, die Cilien, bei den einzelligen Tieren aus neun doppelstrukturierten Filamenten in einem Kreis um zwei zentrale Filamente bestehen, und überall da, wo kontraktile Cilien untersucht wurden — auch im Labyrinth des Wirbeltierohrs (SCHWARTZKOPFF, 1963) — finden wir deutlich dieses 9 + 2 Bild, wie die Amerikaner es nennen. Eine ähnliche Cilienstruktur ist auch in anderen Sinneszellen gefunden worden, z.B. in den Stäbchen und Zapfen des Wirbeltier-Auges. Ob nun diese Cilien wirklich kontraktil sind, oder ob ein anderer gemeinschaftlicher physischer Faktor in den verschiedenen Sinneszellen ausschlaggebend ist, das wissen wir einstweilen nicht. Aber es ist schön, daß das Insektenohr so genau untersucht ist, daß es in den Vergleich mit einbezogen werden kann.

Ein wenig Akustik und ein wenig Elektrophysiologie

Wie hört „man" nun mit einem solchen Ohr? Das hängt natürlich davon ab, was man unter „hören" versteht, und darüber kann man immer noch heiße Diskussionen finden. *Hört* man z.B. Schallwellen, die sich durch Wasser oder feste Körper fortpflanzen? Den Sinneseindruck, den man Gehör nennt, können wir strenggenommen nur an uns selbst erfahren. In dem vorliegenden Buch sollen strenge Definitionen vermieden werden, obgleich es sich im wesentlichen mit luftgetragenen Schwingungen und deren Wahrnehmung durch die Insekten beschäftigt. Denn es ist zwar richtig, wie DETHIER (1963) sagt, daß es gleichgültig ist für das *physiologische* Verständnis des Phänomens, ob die Schwingungen in der Luft, im Wasser oder in festen Körpern stattfinden, für das *biologische* Verständnis aber, das doch das Entscheidende ist, ist dies keineswegs gleichgültig. Das wird z.B. aus der Darstellung vom Gehör der Bienen hervorgehen (siehe S. 128), denn zwar sind die Bienen taub, weil sie nicht direkt auf eine Schallschwingung in der Luft ansprechen; aber *biologisch gesehen* hören sie ausgezeichnet, da die Schallschwingungen in der Luft feste Körper zum Mitschwingen bringen, wodurch sie dann auf die Bienen übertragen werden.

Wir wollen also sagen, daß das Insekt hört, wenn es in irgendeiner Weise auf Schallschwingungen, vorzugsweise durch die Luft, reagiert, aber wir müssen uns klar sein, daß die Wirkungsweise von unserer Art zu hören ganz verschieden ist; und

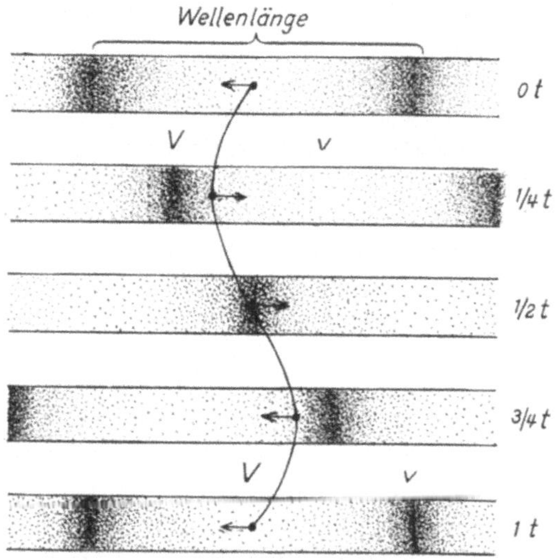

Abb. 35. Schematische Darstellung der Ausschläge der Luftpartikel beim Schall. Nach einem Entwurf von AXEL MICHELSEN

um das zu erklären, müssen wir kurz darstellen, was geschieht, wenn ein von Luft umgebener Körper in regelmäßige Schwingungen versetzt wird.

Die umgebende Luft wird dann auch in Schwingungen geraten, so daß die Luftpartikel auf geraden Linien hin und zurück schwingen. Sie werden sich deshalb fortwährend einander nähern und wieder entfernen, wie Abb. 35 zeigt, wo man ein einzelnes solches Partikelchen unter vielen verfolgt. Die Pfeile geben die Richtung für die fortgesetzte Bewegung des Partikelchens an, und die bogenförmige Linie zeigt eine volle Schwingung, d. h. die Bewegung von einem äußersten Punkt zum anderen und wieder zurück. Die dafür erforderliche Zeit ist die Schwingungszeit (s. auch Abb. 5), und die fünf Linien stellen also die Verhältnisse mit einem Zwischenraum von einem Viertel der Schwingungszeit (t) dar.

Wenn die Partikel einander am nächsten sind, bilden sich Verdichtungen (V), sind sie von einander am weitesten entfernt, entstehen Verdünnungen (v) mit größerem bzw. kleinerem Druck als normal, und diese Druckschwankungen pflanzen sich in die Luft fort, obgleich die Partikel immer um denselben Punkt herum schwingen. Die Größe der Ausschläge ist ein Ausdruck für die Intensität des Schalles, die immer kleiner wird, je weiter man sich von der Schallquelle entfernt; die Schwingungszeit dagegen, deren Ausdruck die Frequenz, die Tonhöhe, ist, bleibt unverändert. Während die Druckschwankungen, durch die Verdichtungen und Verdünnungen ausgedrückt, nur zahlenmäßig darzustellen sind und also ein Skalar darstellen, sind die Ausschläge selbst ein Vektor, denn sie haben auch eine Richtung. Dies ist wesentlich, um den Unterschied zwischen dem Gehör der Insekten und dem unsrigen zu verstehen.

Theoretisch könnte nämlich ein Gehörorgan darauf eingerichtet sein, die Druckschwankungen zu registrieren oder aber die Partikel-Bewegungen selbst. Und das ist es eben, was die Tympanalorgane von unserem eigenen Ohr unterscheidet. Das läßt sich am besten an Abb. 36 erklären, die einer Abhandlung von AUTRUM entnommen ist; merkwürdigerweise erkannten der Engländer PUMPHREY und der Deutsche AUTRUM unabhängig voneinander dieses Verhältnis im selben Jahre, dem ersten Kriegsjahre 1940.

Die Abbildung links ist eine schematische Darstellung unseres eigenen Ohres mit dem Trommelfell in der einzigen Öffnung in einer geschlossenen, festen Kapsel, die das ganze innere Ohr mit Gehörknöchelchen und Schneckengang einschließt. Ganz geschlossen ist diese Kapsel (aus Knochen des Kraniums) nicht;

ein kleines „Luftloch" ist nötig, um die Gleichheit des Druckes in der Kapsel mit dem athmosphärischen Druck zu sichern; dieses Luftloch ist die eustachische Röhre. Ein solches Organ

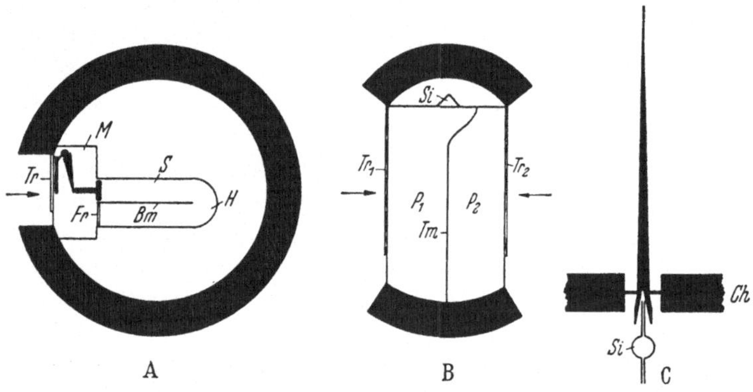

Abb. 36. Schematische Darstellung des Wirbeltierohrs und des Insektenohrs. Links unser eigenes Ohr mit dem Trommelfell (Tr), das als einziges schwingen kann in einer sonst festen Kapsel mit Mittelohr (M) mit den Gehörknöchelchen und dem Schneckengang (S) mit Basilarmembran (Bm). In der Mitte das Grillenohr mit einem Trommelfell auf jeder Seite gegen die Tracheenblasen P_1 und P_2, die durch eine Tracheenmembran (Tm) getrennt sind. Si sind die Sinneszellen. Rechts endlich ein Hörhaar mit der Sinneszelle Si und beweglich in das Chitin Ch eingelenkt. Nach AUTRUM

arbeitet als Druckempfänger; es registriert die Druckschwankungen am Trommelfell. — Ein Kristallmikrophon u. a. ist entsprechend gebaut.

Die Abbildung in der Mitte zeigt das Gehörorgan in der Vorderschiene der Grille. Da die Schallschwingungen durch die zwei Trommelfelle und die zwei Tracheenblasen auf beiden Seiten der Membran, d. h. der Wand zwischen den Tracheenblasen, wirken, registriert der Apparat den Druckunterschied zwischen den zwei Seiten der Membran, oder in der Praxis wird das wohl wegen der Kleinheit des Apparates bedeuten, zwischen den Außenseiten der zwei Trommelfelle. Ein solcher Apparat ist ein Druckgradientempfänger; aber da der Druckgradient ein direkter Ausdruck für die Bewegungen der einzelnen Partikel ist, wirkt er auch als Bewegungsempfänger. Alle Tympanalorgane der Insekten sind derartig aufgebaut, mit zwei Trommelfellen an derselben Seite oder mit einem jederseits, aber immer mit einem System von Tracheenblasen dazwischen. Bei den Orthopteren findet sich, wie gesagt, eine besondere nicht verschließbare Öffnung von diesen Tracheenblasen zur Oberfläche; ob dies immer der Fall ist, wissen wir nicht. — Ein Bandmikrophon ist derartig aufgebaut.

Da nun der Druck eine skalare Größe ist, so kann der Druckempfänger die Richtung nicht registrieren, während der Druckgradientempfänger eine vektorielle Größe, nämlich die Bewegung registriert und deshalb eine Richtungsbeurteilung erlaubt: kommt der Schall parallel zu dem Trommelfell, ist der Gradient fast Null und der Schall schwach, trifft er senkrecht auf das Trommelfell, ist der Gradient am größten. Darauf kommen wir später zurück.

Hier ist nur noch zu sagen, daß man ziemlich einfach untersuchen kann, ob ein Gehörorgan ein Druckempfänger oder ein Bewegungsempfänger ist. Sendet man nämlich einen Ton in ein geschlossenes Rohr hinein, dann treten stehende Wellen derart in ihm auf, daß in Ebenen mit einem Abstand von einem Viertel der Wellenlänge (d.h. der Abstand zwischen zwei Partikeln in derselben Ausschlagsstellung, wie z.B. 1 und 5 in Abb. 35) der Druck maximal und die Bewegung Null bzw. umgekehrt sein werden. Diese sogenannten Knoten (Null) und Bäuche (maximal) kann man mit einem Ton von passender Wellenlänge in meßbarem gegenseitigem Abstand anbringen; wird dann ein Insekt in das Rohr gesetzt, kann man sehen, ob es auf die Knoten oder Bäuche reagiert. AUTRUM machte diesen Versuch 1936 mit Ameisen und erhielt ein eindeutiges Resultat: sie reagierten dort, wo der Druck Null war und die Bewegung am größten; aber ihre Gehörorgane kennen wir nicht, und merkwürdigerweise ist dieser einfache Versuch nie mit Tympanalorganen gemacht worden; vielleicht weil der Bau dieser Organe sie so sicher als Bewegungsempfänger auszeichnet, vielleicht auch weil man hat nachweisen können, daß sie eine sichere Richtungsbeurteilung erlauben.

Wie läßt sich das zeigen? Man kann sich in zweierlei Weise davon überzeugen, ob ein Insekt hört. Man kann seine Reaktion auf Schallreize beobachten, aber man kann auch die elektrischen

Strömungen in seinem Gehörnerven während eines Reizes messen. Hiermit hat es folgende Bewandtnis.

Wenn ein Nerv in Funktion ist, also eine Information, wie man heute sagt, von der Sinneszelle an das Zentralnervensystem weitergibt, dann geschieht das dadurch, daß ein elektrischer Strom (eine Stromschleife) sich über die Oberfläche des Nerven bewegt. Wir wissen heute, daß dies durch Änderungen in der Natrium-Kalium-Ionenbalance an den zwei Seiten der Nerven-axon-Membran verursacht wird, aus denen ein elektrischer Strom resultiert; aber auch ehe man das herausfand, konnte man diese sogenannten *Aktionspotentiale* mittels eines Oszilloskopes messen, wenn man die eine Elektrode mit dem Nerven verbindet und die andere irgendwo in den Körper hineinsteckt, also „Erdverbindung" herstellt. Die Aktionspotentiale zeigen sich dann als Ausschläge am Oszillogramm, die die Angelsachsen spikes nennen, ein Wort, das auch in den deutschen Sprachgebrauch übergegangen ist. Man sagt auch, daß die Nerven dabei „feuern". Die Größe und Häufigkeit dieser Spikes verglichen mit dem Schallreiz dürften dann ein Ausdruck für das Hörvermögen der Insekten sein.

Als Beispiel solcher Aktionspotentiale können wir ein Oszillogramm bei HASKELL nehmen. Nicht sehr viele haben sich bis jetzt mit dieser elektrophysiologischen Seite des Hörvermögens der Insekten beschäftigt, PUMPHREY und RAWDON-SMITH und später PRINGLE und HASKELL in England, AUTRUM und seine Schule in München, ROEDER und TREAT in USA., KATSUKI und SUGA in Japan, damit ist schon das meiste gesagt. Das Oszillogramm von HASKELL (Abb. 37) zeigt die Aktionspotentiale im Nerven des Tympanalorgans bei der Feldheuschrecke *Stenobothrus lineatus* (unten) beim Reiz durch den Gesang einer anderen Feldheuschrecke *Omocestus viridulus* (oben). Die Abbildung gibt drei Chirps von *Omocestus* wieder, und man sieht, daß jedem eine plötzliche Welle mit großen Spikes entspricht. Wir werden später in mehreren Beispielen sehen, wie die elektrophysiologischen Untersuchungen entscheiden können, ob das Insekt hört, und was es hört.

Kürzlich (1962) haben Madame BUSNEL und BURCKHARDT eben an der Wanderheuschrecke, dessen Ohr GRAY so eingehend

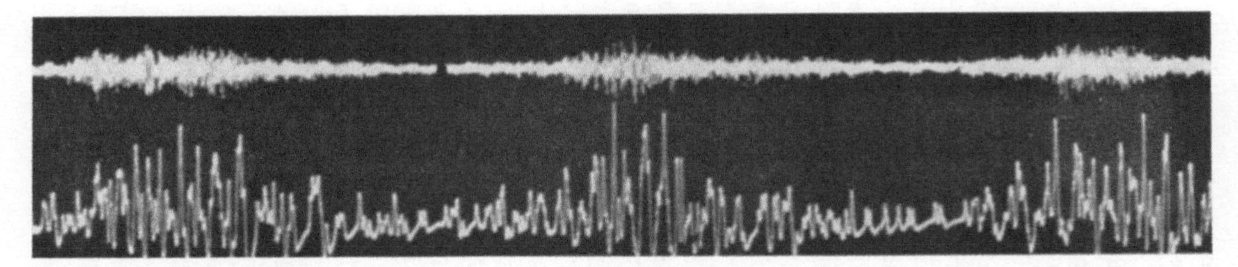

Abb. 37. Die Aktionspotentiale (unten) im Hörnerven der Feldheuschrecke *Chorthippus brunneus* beim Reiz durch Gesang (oben) einer anderen Feldheuschrecke, *Omocestus viridulus*. Nach HASKELL

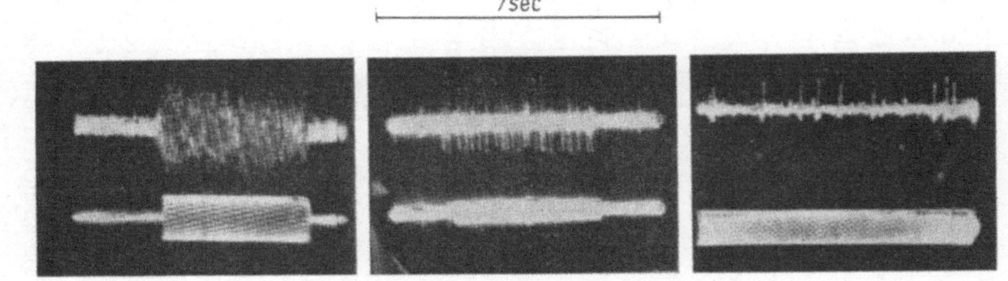

Abb. 38. Die drei Abbildungen zeigen oben Aktionspotentiale, vom Hinterbrustganglion einer Wanderheuschrecke aufgenommen, wenn ihr Ohr von dem unten angezeigten Schall gereizt wird. A ist die Reaktion des gesamten Nerven, B und C einiger einzelnen Elemente. Die Abbildungen sollen ausnahmsweise von rechts nach links gelesen werden. Nach M. C. BUSNEL u. BURKHARDT

beschrieb, die Methode benutzt um zu entscheiden, welche der zum Hinterleibsganglion führenden Nerven die Impulse bei Schallreize weiterleiten. Abb. 38 zeigt unten den Schallreiz, 2000 Hz mit einer Intensität von 100 db, d. h. er ist sehr kräftig — auf die Lautstärke werden wir recht bald näher eingehen —; oben zeigt A die gesamte Reaktion des Ganglions, B und C die Reaktion einzelner Elemente (die Abbildung muß ausnahmsweise von rechts nach links gelesen werden). Es zeigt sich, daß auch andere Nerven als der Tympanalnerv den Schallreiz weiterleiten, Nerven von Sinneszellen hie und da am Körper und von Borstenfeldern an der thorakalen Bauchseite z. B. Dies ist möglicherweise mit dem Phänomen in Verbindung zu bringen, daß die Wanderheuschrecken während des Fluges gleichen Abstand halten können, nämlich dadurch, daß sie die Luftströmungen von den Flügelschlägen der Kameraden „hören". Ein fesselnder Gedanke.

Abb. 37 zeigte, daß die Wellen der großen Spikes mit den Chirps synchron erfolgten: jeder Chirp wurde sofort von einer Reihe von Spikes gefolgt. Es geht aber nur bis zu einer gewissen Grenze, daß der Nerv mit dem Reiz synchron reagiert; bei der Wanderheuschrecke z. B. liegt die Grenze um etwa 100 Hz*. Vergrößert man die Modulationsfrequenz des Schallreizes oder gibt reine Trägerfrequenzen, so bekommt man immer noch Aktionspotentiale, die zeigen, daß der Nerv fungiert, aber sie sind mit der einwirkenden Frequenz nicht synchron. Die „Information", die der Nerv weiterbringt, ist also nicht unmittelbar die Höhe des gehörten Tons, und das ist etwas sehr wichtiges am Gehör der Insekten. Es hat sich nämlich gezeigt, sowohl bei

---

* So sieht es aus. Man erinnere sich aber, daß man das gesamte Aktionspotential des ganzen Nerven mißt, also zahlreicher Axone, abhängig von dem Teil der Nervenoberfläche, der von der Elektrode gedeckt wird. Und diese Axone müssen alle gleichzeitig „feuern", damit man die Synchronisation sehen kann. Mit kleineren Elektroden kann man aber das Feuern der einzelnen Axone messen, und dieses Feuern ist mit höheren Modulationsfrequenzen synchron (bis über 250 Hz). Mehrere der Axone müssen gleichzeitig feuern, damit wir synchronisierte Spikes erhalten. Es ist auch wichtig zu wissen, daß diese Axone auf die Modulationsfrequenz reagieren, nicht auf die reinen Sinusschwingungen der Trägerfrequenz; eine Trägerfrequenz mit so niedrigen Schwingungszahlen wie die der Modulationsfrequenz „hört" die Heuschrecke gar nicht.

direkten Beobachtungen als auch bei Beobachtungen der Nerven-
aktivität, daß Insekten Laute mit einem sehr großen Frequenz-
Spielraum hören können, von wenigen Hz bis weit über die
menschliche Hörgrenze (die ja bekanntlich bei 15 000—20 000 Hz
liegt), ja, bis 150 000 Hz. Für das Ohr der Wanderheuschrecke
wurde die Grenze bei 35 000—40 000 Hz festgestellt, für die Laubheuschrecken sogar bis 100 000 Hz, bei den Grillen nur um
15 000 Hz — man bemerke, wie schön diese Zahlen mit den
Frequenzen im Gesang der drei Gruppen übereinstimmen.

Man meint aber auch, daß die Insekten nicht zwischen
Tönen innerhalb dieses Frequenzbereiches unterscheiden können,
und dennoch können sie verschiedene Laute auseinander halten.
Nur bei den Wanderheuschrecken *Locusta migratoria* und *Schistocerca gregaria* hat man nachweisen können, daß zwei der oben
S. 58 erwähnten Sinneszellengruppen nicht dieselbe Empfindsamkeit für Frequenzen besitzen. Sie haben eine maximale
Empfindsamkeit bei 2—8 bzw. 10—20 kHz. Sie registrieren
beide unterschiedliche Einzelheiten im Insektengesang, was die
dritte Gruppe, die eine kleinere absolute Empfindsamkeit hat,
wahrscheinlich nicht tut (MICHELSEN, 1966). Wir werden später
auf die Theorien eingehen, die zur Erklärung der Wahrnehmung
von Modulationsfrequenzen aufgestellt worden sind; aber erst
müssen wir erzählen, wie die elektrophysiologischen Untersuchungen zeigen konnten, daß die Tympanalorgane Bewegungsempfänger sind. Wiederum waren es PUMPHREY und AUTRUM,
die unabhängig von einander Richtungsdiagramme für die
Tympanalorgane der Wanderheuschrecke bzw. der Laubheuschrecke aufstellten.

Richtungshören

Ein Richtungsdiagramm ist — in der Theorie! — ganz einfach
zu machen. Man verfertigt ein elektrophysiologisches Nervenpräparat von dem Nerven, der vom Tympanalorgan kommt,
reizt das Trommelfell mit demselben Laut aus verschiedenen
Richtungen und verzeichnet die Größe der Aktionspotentiale.
Es ist natürlich wichtig, daß man aus allen Richtungen mit dem-

selben Laut reizt, nicht nur mit derselben Frequenz, sondern auch
mit derselben Lautstärke*.

Im menschlichen Ohr ist die Empfindlichkeit für den Schalldruck verschieden bei verschiedenen Frequenzen, am größten
bei 3000—4000 Hz, nach beiden Seiten abnehmend und zwischen
10 und 20 kHz sehr stark abnehmend. Entsprechende Empfind-
lichkeitskurven sind für wenige Insektenarten gemacht worden
und zeigen durchgehend niedrige Empfindlichkeit bei niedrigen
Frequenzen, weit niedriger als die des Menschen, der sie sich
doch um 10—15 kHz nähern; für einen amerikanischen Schmetterling, *Prodenia eridania*, und für die Wanderheuschrecke *Schistocerca
gregaria* weiß man, daß die Empfindlichkeit bei höheren Frequenzen immer höher wird; es sieht so aus, als ob die Empfind-
lichkeitskurve bei den Insekten geradlinig sei, während die unsrige
eine U-Form hat.

Wenden wir uns jetzt wieder zum Messen des Richtungs-
diagramms. Das Trommelfell wird also von verschiedenen Seiten
mit einem Laut von derselben Frequenz und Stärke gereizt, und
da wir überdies annehmen können, daß die Größe der Aktionspotentiale der empfangenen Lautstärke direkt proportional ist,
brauchen wir nur in einem Kreis um eine Zeichnung des Tympanalorgans die beobachteten Aktionspotentiale abzutragen. In
dieser Weise machte AUTRUM sein Richtungsdiagramm für die
Laubheuschrecke *Tettigonia viridissima* (Abb. 39). PUMPHREY u.
RAWDON-SMITH arbeiteten ein entsprechendes Diagramm für die
Wanderheuschrecke *Locusta migratoria* (Abb. 40) aus, nur benutzten sie die kleinste Lautstärke aus den verschiedenen Richtungen,
die überhaupt ein Aktionspotential hervorbrachte. Beide Metho-

---

* Die Lautstärke wird durch eine logarithmische Skala ausgedrückt,
die Decibel-Skala (nach dem Erfinder des Telephons GRAHAM BELL genannt),
wo 0 db (Decibel) gleich dem Schwellenwert des menschlichen Ohres für
einen Ton von 1000 Hz ist, entsprechend einem Druck von 0,0002 dyn/cm².
Das Schalldruck-Niveau im Verhältnis zum Schwellenwert des Menschen
wird dann als 20 mal dem Logarithmus zum Verhältnis zwischen dem aktuellen
Schalldruck und dem Schalldruck am Schwellenwert ausgedrückt; ein Schalldruck von 0,002 dyn/cm² hat also das Schalldruck-Niveau 20 db, 0,02 dyn/cm²
das Schalldruck-Niveau 40 db, 0,2 dyn/cm² 60 db über dem Schwellenwert
usw. Als Beispiele können erwähnt werden, daß ein sachtes Flüstern 20 db
entspricht, ein gewöhnliches Gespräch etwa 50 db und der Lärm in einem
Maschinenhaus etwa 90 db. Bei 130—140 db schmerzt das Ohr.

den gaben dasselbe Resultat — und ein sehr interessantes Resultat,
eben weil die Untersuchungen zwei ganz verschiedene Tympanalorgane betrafen.

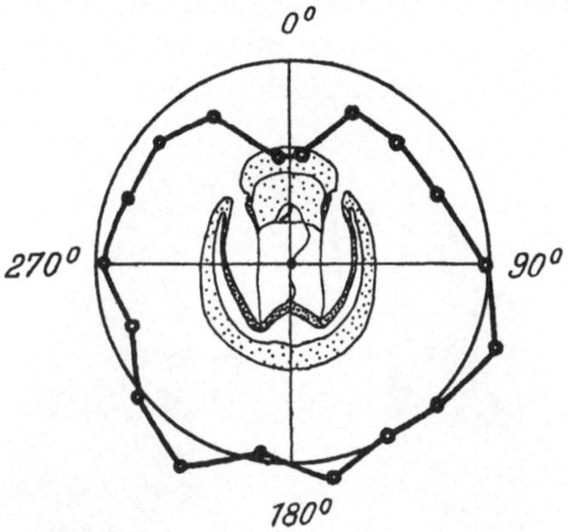

Abb. 39. Richtungsdiagramm des Gehörs einer Laubheuschrecke. In der Mitte
ein Querschnitt des Hörorgans und vom Zentrum aus das „Hörvermögen"
angegeben: je größer der Abstand, desto besser gehört. Nach HASKELL
aus AUTRUM

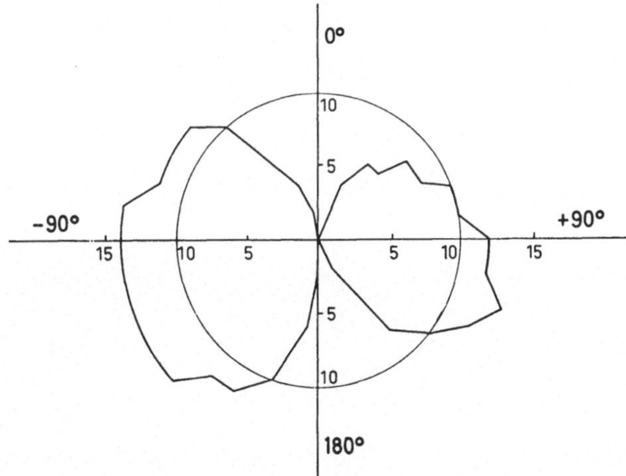

Abb. 40. Entsprechendes Richtungsdiagramm vom Gehör einer Wanderheuschrecke. Der Laut wird am besten gehört, wenn er von der Seite kommt.
Nach PUMPHREY

Eine kleine Rechenarbeit ergab für Autrum, daß ein Bezirk von etwa 40° auf beiden Seiten der Mittellinie der Schiene am empfindlichsten ist. Abb. 41 zeigt dies. Wenn der Schall von dem schwarz gezeichneten Gebiet kommt, wird er nur schwach wahrgenommen, aber er wird plötzlich viel stärker aufgefaßt, wenn er von dem punktierten Gebiet kommt. Da das Tier mit der

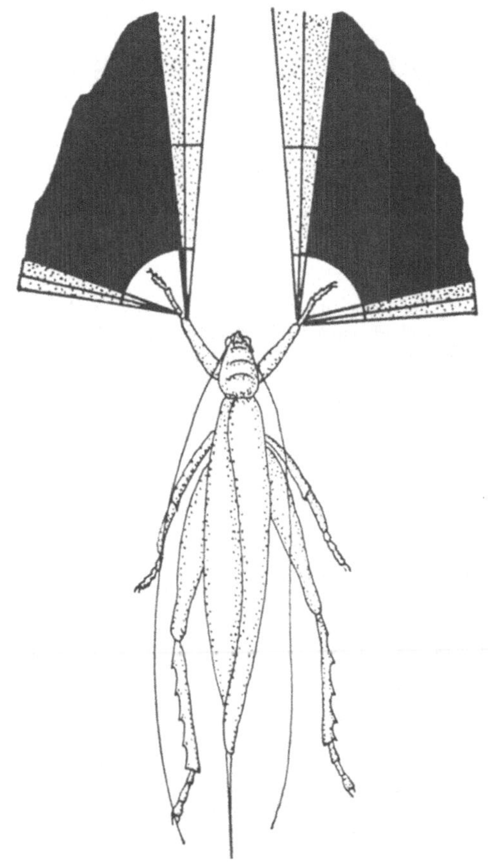

Abb. 41. Eine Laubheuschrecke, Beine in Normalstellung. Wenn der Schall von dem schwarz gezeichneten Gebiete kommt, wird er schwach gehört, wird aber plötzlich stärker vernommen, wenn er vom punktierten Gebiet kommt. Nach Haskell aus Autrum

normalen Beinstellung gezeichnet ist, sieht man unmittelbar, daß, wenn es sich in die Richtung bewegt, von wo der Schall am stärksten klingt, es direkt ans Ziel geht.

PUMPHREY u. RAWDON-SMITH fanden bei Wanderheuschrecken, daß das Richtungsdiagramm die niedrigste Empfindlichkeit zeigte, wenn der Schall parallel zum Trommelfell kam, die größte, wenn er senkrecht darauf fiel; sie arbeiteten mit isolierten Trommelfellen und fanden deshalb fast die gleiche Schallempfindlichkeit, ob der Schall von der einen oder der anderen Seite käme. AUTRUM, SCHWARTZKOPFF u. SWOBODA haben später (1961) ihren Versuch wiederholt, aber an ganzen Tieren, und gefunden, daß dieser Befund bei alten Tieren Gültigkeit hat; bei jungen ist die Empfindlichkeit nur dann am größten, wenn der Schalldruck senkrecht auf die *Außen*seite des Trommelfells fällt. Sie erklären dies dadurch, daß die beiderseitigen Tracheenblasen bei den Wanderheuschrecken, bei denen ja die Tympanalorgane an den Seiten des Hinterleibes liegen, bei neugeschlüpften Tieren durch den Fettkörper getrennt sind; sowie aber dieser verbraucht wird, treffen sie in der Mittellinie aufeinander, und die Schallschwingungen verpflanzen sich also quer durch das Tier.

Das hübscheste dabei ist aber, daß man das Resultat dieser Berechnungen direkt am lebenden Tier verfolgen kann. Wenn man ein Weibchen einer Laubheuschrecke blendet, indem man ihre Augen mit Lack verdeckt, und es dann in passenden Abstand von einem singenden Männchen bringt, dann wird es ebenso geradewegs auf ihn zuwandern, als könnte es sehen, und es wird ihn erreichen. Macht man dasselbe mit einem Feldheuschrecken-Weibchen, dann wird es auch auf das Männchen zuwandern, nämlich so lange der Schall immer noch etwas senkrecht auf das Trommelfell fällt; aber in einem Abstand von etwa 10 cm trifft der Schall nicht mehr die größte Empfindlichkeit des Organs; das Weibchen wird unsicher und „taumelt hin und her" in ihrem Suchen nach dem Männchen.

Alle diese Berechnungen und Schlüsse sind aber nur unter der Voraussetzung möglich, daß das Tympanalorgan ein Bewegungsempfänger ist, sonst könnte es nicht die Richtung registrieren. Daß die Kabale sich löste, beweist also, daß die Voraussetzung richtig war.

Das Gesungene und das Gehörte

Jetzt fehlt uns nur der Zusammenhang zwischen dem, was die Tiere singen und dem, was sie hören. Wir haben gesehen, wie der Gesang auf einem Oszillogramm aussieht, und wir haben erfahren, daß die Tiere sogar sehr hohe Frequenzen vernehmen können, daß sie aber meistens nicht zwischen verschieden hohen Tönen innerhalb des Frequenzbereiches unterscheiden können. Welche Bewandtnis hat es nun damit? Hierüber sind zwei Theorien aufgestellt worden, die sicher nicht so verschieden und unvereinbar sind, wie es auf den ersten Blick erscheinen möchte.

Charakteristisch für die Gesänge, die wir im vorhergehenden besprochen haben — und es sei schon hier gesagt: für alle bis jetzt bekannten Insektenstimmen — ist, daß sie aus einer Reihe von einer Trägerfrequenz getragener Impulse bestehen. Diese Impulse können so regelmäßig sein, daß sie einen Eigenton in der Modulationsfrequenz bilden, oder sie können unregelmäßig, von kürzerer oder längerer Dauer sein, die einzelnen Chirps können aus Impulsen mit größerer oder kleinerer Amplitude bestehen, sogar innerhalb desselben Chirps; kurz, das ganze Bild kann außerordentlich verschieden sein, und ist es in dem Grade, daß fast jede Art ihr Merkmal, ihren Gesang hat; aber allen Gesängen gemeinsam ist, daß sie aus Impulsen aufgebaut sind. Und nun liegen also zwei Auffassungen darüber vor, was an diesen Impulsen für ihre Wahrnehmung wesentlich ist. Fürsprecher der einen Theorie ist HASKELL 1961; die andere ist von R.-G. BUSNEL aufgestellt worden; und zusammen geben sie wohl die eigentliche Wahrheit.

Die Auffassung HASKELLS, ursprünglich von PUMPHREY u. RAWDON-SMITH 1939 entwickelt, ist die, daß einfach die Frequenz der Impulsmodulation ausschlaggebend sei. Er baut auf seinen eigenen Untersuchungen an einigen Feldheuschrecken auf, findet aber auch Stütze in den Untersuchungen anderer, die alle zeigen, daß das Feuern des Tympanalnerven mit der Modulationsfrequenz bis zu 90—100 Hz synchron ist; bei höheren Modulationsfrequenzen bricht die Synchronisierung zusammen, wie er sich ausdrückt, und übrig bleibt nur eine unregelmäßige Welle von Spikes (das war es, worauf wir in der Fußnote S. 70 hinwiesen).

Aber keine bis jetzt bekannte Heuschrecke hat eine höhere Modulationsfrequenz in ihrem Gesang. Verschiedene Versuche über die Reaktionen des Insekts auf künstliche „Gesänge" zeigen, daß die Tiere auf einen Wechsel der Trägerfrequenz nicht reagieren, dagegen auf eine Änderung der Modulationsfrequenz. Diese Theorie erklärt auch etwas, das REGEN, der als erster das Hören mit Tympanalorganen nachwies, nicht verstehen konnte, nämlich daß seine Tiere auch auf sehr verzerrte telephonische Wiedergabe ihres eigenen Gesanges reagierten — das war in den zwanziger Jahren, als das Telephon nicht so rein war wie heute. Er konnte hören, daß die Frequenz eine ganz andere war, aber er war sich nicht darüber klar, daß die Modulationsfrequenz dieselbe blieb.

Aber die Frage ist nun sicher nicht mit dieser Erklärung gelöst, denn die Oszillogramme können sehr verschieden aussehen, selbst wenn die Modulationsfrequenz dieselbe ist, und auch das können die Insekten hören. Hier sucht die zweite Erklärung Licht zu bringen, diejenige von BUSNEL (1955 und später), die darauf ausgeht, daß das Ausschlaggebende sowohl in den Aktionspotentialen als in dem Benehmen der Tiere ein plötzlicher Sprung in der Amplitude ist, das was man als einen Transient bezeichnet. BUSNEL und seine Mitarbeiter haben versucht, einige Heuschrecken, besonders die Feldheuschrecke *Chorthippus brunneus* und die Laubheuschrecke *Ephippiger bitterensis*, mit vielen künstlichen Lauten, deren „Aussehen" sie kannten, zu reizen, und erhielten die im folgenden dargestellten Resultate (Abb. 42; u. a. von BUSNEL u. LOHER, 1961, zusammengefaßt). Sie wählten gerade diese zwei Arten zur Untersuchung aus, weil es besonders leicht ist, mit ihnen einen Wechselgesang zustande zu bringen. Sie mußten allerdings eine Lautstärke zwischen 70 und 100 db anwenden, um Antwort zu erhalten, und diese Lautstärke ist ja viel höher als die Stärke des gewöhnlichen Wechselgesanges der Tiere; das gibt dem Resultat eine gewisse Unsicherheit; die Ursache ist noch ungeklärt.

Abb. 42 zeigt eine Reihe von Lauten mit konstanter Frequenz (10 kHz); die Amplitude aber steigt mit verschiedener Schnelligkeit, wenn auch immer zu derselben Größe. Die Zeit, die erforderlich ist, um diese Größe zu erreichen, ist also ein Ausdruck der Steilheit der Amplitude. In Abb. 43 ist diese Zeit auf der Abszisse angegeben, und auf der Ordinate die prozentuale Anzahl der Heuschrecken, die den Laut beantworten. Man sieht deutlich: je steiler die Amplitude steigt (Anzahl von Millisekunden zwischen t_0 und t_1), desto eifriger antworten die Tiere. Einen ähnlichen, obwohl kaum so klaren Erfolg gab eine Untersuchung von *Ephippiger*. Die benutzten Laute waren Galton-Flöte und Vogelstimmen nachahmende Flöten sowie mit dem Munde hervorgebrachte Laute („fff" oder „sss"), aber alle waren impulsmoduliert.

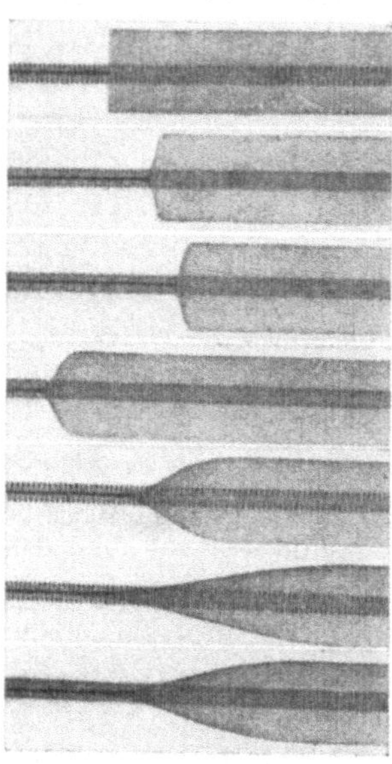

Abb. 42. Oszillogramme einer Reihe von Impulsen mit derselben Trägerfrequenz, aber unterschiedlich schnell, doch immer zu derselben Größe steigender Amplitude. Nach Busnel u. Loher

Autrum hat 1960 die grüne Laubheuschrecke *Tettigonia viridissima* elektrophysiologisch geprüft, um die Bedeutung dieser Transiente zu untersuchen, und erhielt ein unerwartetes Resultat. Einzelheiten im Beweisgang müssen fortgelassen werden, aber das Resultat zeigte, daß der Tympanal*nerv* zwei prinzipiell verschiedene Antworten gibt, je nachdem der Reiz durch eine plötzliche Steigerung der Amplitude oder von einem konstanten Ton hervorgerufen wird. Im ersten Fall erhalten wir eine sogenannte *phasische Antwort*, einen plötzlichen und starken Spike, im zweiten Fall eine *tonische Antwort*, nämlich eine Reihe weniger kräftiger Spikes. Es zeigt sich, daß die Latenzzeit — die Zeit zwischen Reiz und Reaktion — nur eine Millisekunde für die phasische Antwort beträgt, aber gegen 4 ms für die tonische; dafür ist die Refraktärperiode — die Zeit, die das Axon bis zur nächsten Reaktion erfordert — etwa 2—3 ms für die phasische Antwort; bei langsamer Amplitudensteigerung kommt also die tonische

Antwort im Nerven vor dem Ablauf der Refraktärperiode der phasischen Antwort. Das klingt verwickelt und ist in der Tat noch weit komplizierter; aber das Resultat geht aus Abb. 44 hervor, die den Unterschied zwischen phasischen und tonischen

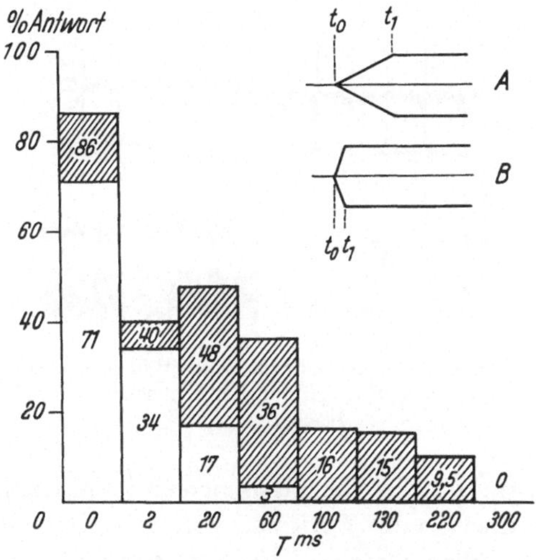

Abb. 43. Die Kurve zeigt die prozentuale Anzahl der Antworten von der Feldheuschrecke *Chorthippus brunneus* auf Reiz von Impulsen mit verschieden schnell steigender Amplitude, wie oben rechts angegeben: je kleiner der Abstand $t_0 - t_1$, desto schneller steigend und desto mehr Antworten. Die Abszisse zeigt den Abstand $t_0 - t_1$, als T angegeben, in Millisekunden. Nach DUMORTIER in BUSNEL: „Acoustic Behaviour of Animals"

Antworten darstellt. Die untere Linie ist der Reiz, die obere die Antwort des Tympanalnerven. In a geben nur vereinzelte Klicks alle 25 Millisekunden den Reiz, und deshalb kommen deutliche phasische Antworten: die großen Spikes. In b, c und d ist es ein zusätzlicher, immer stärkerer kontinuierlicher Reiz, der unregelmäßige tonische Antworten hervorruft, unter denen die phasischen Antworten doch immer noch herausragen. Der Versuch, den diese Abbildung illustriert, zeigt übrigens auch das Wesentliche, daß ein kontinuierlicher Laut die phasischen Antworten nicht übertönen kann — in biologischer Sprache, vom Tier aus gesehen, heißt das, daß das Geräusch der Natur („the white noise"*), also das Rauschen der Bäume, das Brausen des Meeres usw., nicht die Einwirkung der modulierten Transiente, also eben des Heuschreckengesanges, übertönen kann. Und gerade das haben viele Beobachtungen in der Natur bestätigt.

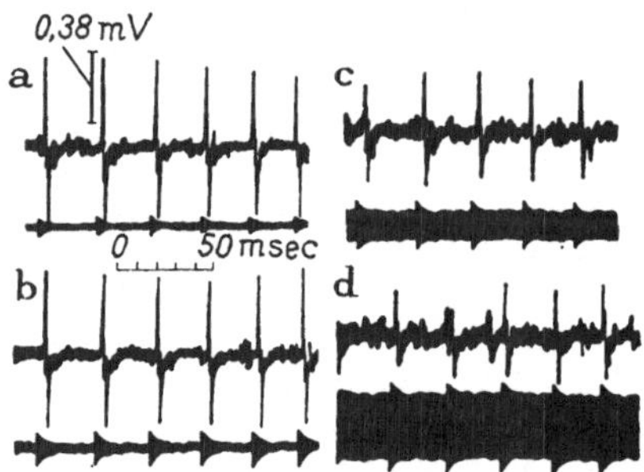

Abb. 44. Der Unterschied zwischen phasischen und tonischen Antworten im Gehörnerven der großen grünen Laubheuschrecke. Siehe Text.
Nach Autrum

Nach Autrum rühren die phasischen und tonischen Antworten im Tympanalnerv von *Tettigonia* von zwei Zellgruppen her. Bei der Wanderheuschrecke *Schistocerca gregaria* ist dagegen jede einzelne Zelle in den zwei Gruppen, die die Einzelheiten im Gesang registrieren, imstande, phasisch oder tonisch zu antworten, je nach dem Charakter des Schalles. Ob bei dieser Art phasische oder tonische Antworten vom ganzen Tympanalnerv abgegeben werden, hängt von der Synchronisierung der Aktivität der einzelnen Zellen ab (Michelsen, 1966).

Zuletzt soll nur gesagt werden, daß fast alle diese elektrophysiologischen Untersuchungen am Tympanalnerv mit der Elektrode an der Oberfläche des *ganzen* Nerven gemacht worden sind; welcher Anteil den einzelnen Axonen in der Antwort zukommt, wissen wir einstweilen nur für *Schistocerca*. Einigen Japanern (Katsuki u. Suga, 1958—1963) ist es auch gelungen, Spikes von den einzelnen Neuronen aufzunehmen, aber eine entscheidende Zusammenstellung haben sie nicht gegeben. Autrums Darstellung, mit derjenigen von Madame Busnel u. Burckhardt

---

* Weil alle Frequenzen darin vorkommen, wie alle Farben im Weiß!

sowie von MICHELSEN ergänzt, ist das Genaueste, was wir bis jetzt über das Hörvermögen der Heuschrecken wissen, und sie zeigt ja, daß die wesentlichsten Elemente im Gesang der Heuschrecken gerade die sind, die sie hören können — und das muß man ja ein Glück nennen!

Das Subgenualorgan

Mit diesem schwierigen Namen (sub bedeutet unter und genu das Knie) wird ein Sinnesorgan bezeichnet, das unmittelbar unter dem Tympanalorgan im Vorderbein der Laubheuschrecken und Grillen liegt (s. Abb. 28), das aber auch unter dem Knie bei allen drei Beinpaaren einer langen Reihe von Insekten zu finden ist, wo Tympanalorgane fehlen. Am besten untersucht ist das Subgenualorgan bei den Laubheuschrecken, und es hat sich gezeigt, daß es ein Organ zur Registrierung von Schwingungen in der Unterlage ist. AUTRUM (1941) ist imstande gewesen, entweder das Tympanalorgan oder das Subgenualorgan außer Betrieb zu setzen und dadurch mit Sicherheit festzustellen, daß die luftgetragenen Schallwellen ebenso gut registriert wurden, selbst wenn das Subgenualorgan nicht funktionieren konnte. Die Registrierung der Schwingungen in der Unterlage sind seine Aufgabe, und die Leistungsfähigkeit des Organs in dieser Beziehung ist mehr als erstaunlich.

Es waren elektrophysiologische Untersuchungen, durch die man feststellte, *wie* klein die erforderlichen Erschütterungen wären, die eine elektrophysiologische Reaktion in dem vom Subgenualorgan kommenden Nerven hervorrufen; das hing von der Frequenz ab, je höher die Frequenz, desto kleiner die notwendige Erschütterung bis etwa 1000 Hz, dann stieg der Schwellenwert wieder. Und dieser kleinste Schwellenwert zwischen 1000 und 2000 Hz ist in der Tat klein; bei der Laubheuschrecke (dem Warzenbeißer) können Ausschläge in der Unterlage von 0,4 Ångström noch Ausschlag geben (AUTRUM, 1941), und 1 Ångström ist ein Zehnmilliontenteil eines Millimeters. Ja, bei der Schabe *Periplaneta americana* wird sogar behauptet, 0,04 Ångström, also 4 Milliardenteile eines Millimeters, würden genügen, um einen Ausschlag im Nerven des Subgenualorgans zu erhalten.

Das heißt, wenn wir uns die Schabe 100 Millionen Mal vergrößert denken, so daß sie vom Nordkap bis Sizilien reichte, dann müßte sie dennoch eine Erschütterung in der Unterlage von weniger als ½ mm wahrnehmen können! Was den Warzenbeißer betrifft, so bedeutet dies, daß er auf eine Schwingung in der Unterlage von einem Drittel des Diameters eines Wasserstoff-Atomes, der 1 Å beträgt, anspricht, die Schabe also auf ein Dreißigstel. Man weigert sich, dies für möglich zu halten.

Dieses empfindsame Organ ist bei Orthopteren, Hymenopteren und Schmetterlingen besonders wohlentwickelt. Wir werden später sehen, daß das Gehör bei den Bienen durch eben dieses Organ vermittelt wird. Es findet sich auch bei anderen Insekten, aber weit weniger empfindlich, und vielen Insekten fehlt es ganz. Falls wir daran festhalten, daß Gehör nur die Wahrnehmung von luftgetragenen Schallwellen ist, dann ist es eben kein Hörorgan; aber der Bau der Subgenualorgane ist dem der Tympanalorgane so ähnlich, daß wir sehr wohl verantworten können, es in Verbindung mit den Gehörorganen zu besprechen.

Hörhaare und Fluchtreaktion

Auch die hier zu erwähnenden Organe sind nicht eigentlich als Hörorgane zu betrachten, aber aus einem ganz anderen Grunde; denn sie registrieren zwar luftgetragene Bewegungen, aber diese sind entweder nur Luftbewegungen, Windstöße u. dgl., oder aber Schallwellen mit sehr niedrigen und nicht modulierten Frequenzen. Es ist eben charakteristisch für die Hörhaare, daß sie auf niedrige „Trägerfrequenzen" (die also nichts „tragen") ansprechen, was die Tympanalorgane nicht tun.

Hier und da am Körper finden sich einige mehr oder weniger steife Haare, die mit einer, ihre Bewegungen registrierenden Sinneszelle in der Haut in Verbindung stehen; man nennt sie Hörhaare; Abb. 36 rechts gibt sie schematisch wieder. Es liegt in der Natur der Sache, daß sie Bewegungsempfänger sind, aber sonst weiß man, ehrlich gesprochen, nicht sehr viel über sie. MINNICH untersuchte sie in den zwanziger und dreißiger Jahren bei einigen Schmetterlingsraupen, die auf selbst schwache Windstöße sehr heftig reagierten, dagegen nicht, wenn sie mit Mehl gepudert wurden. PALMGREN zeigte 1936, daß einige entsprechende Haare bei den Spinnen, die Trichobothrien, gleichfalls auf schwache Windstöße ansprachen, aber auch auf Vibrationen im Netz.

Am besten untersucht sind wie gewöhnlich die Orthopteren, in diesem Falle besonders die Haare an den Schwanzanhängen (Cercen) der Schabe; aber es kann erwähnt werden, daß sowohl HASKELL (1956) als auch Madame BUSNEL u. BURCKHARDT (1962) elektrophysiologische Ausschläge in den Nerven bei Schallreiz der am Heuschreckenkörper befindlichen Sinneshaare gefunden haben. Diese Sinneshaare waren es, die diese Autoren, wie schon erwähnt, für das Zusammenhalten der Individuen in einem Zug während des Fluges verantwortlich machen wollten.

Über die Sinneshaare der Schwanzanhänge von Grillen wissen wir, daß sie auf niedrige Frequenzen, bei etwa 800 Hz, synchron reagieren, aber nur bei recht hohen Lautstärken. Dasselbe gilt von den Cercen der Schaben; und hier hat man die Gelegenheit benutzt, um die Geschwindigkeit der Fluchtreaktion zu untersuchen. Es ist nämlich wahrscheinlich, daß alle diese „Hörhaare" als jedenfalls eine wesentliche Funktion die Registrierung von etwas Unerwartetem und Feindseligem haben, wodurch eine umgehende Fluchtreaktion ausgelöst werden kann. KENNETH D. ROEDER untersuchte dies in den fünfziger Jahren bei der Schabe *Periplaneta americana* und hat davon eine bezaubernde Schilderung in seinem Buche „Nerve Cells and Insect Behavior" im Jahre 1963 gegeben.

Gelingt es einem, einer gänzlich in Nachdenken versunkenen Schabe so nahe zu kommen, daß man ihre Schwanzanhänge ganz leicht anhauchen kann, dann ist sie auf und davon, bevor man noch denken kann. Die Sinneshaare der Cercen haben dem hintersten Beinpaar Weisung gegeben, sofort in Funktion zu treten. Das ist leicht gesagt, aber schwer verstanden. Durch geschickt ausgedachte Versuchsanordnungen hat ROEDER dem Weg dieser Weisung, Schritt für Schritt, innerhalb der Schabe folgen können.

Den Schlüssel zur Lösung dieser Frage gaben einige Riesen-Axone im Bauchnervenstrang, der bei der Schabe das Zentralnervensystem vertritt. Die Cercen und deren Nerven zeigt Abb. 45, während Abb. 46 einen Querschnitt vom Bauchnervenstrang am 5. Hinterleibsganglion darstellt. An jeder Seite des Ganglions sieht man Querschnitte von sehr großen Nervenfasern, den sogenannten Riesen-Axonen, 25—30 μ in Diameter (1 μ ist gleich einem tausendstel Millimeter); etwa deren drei

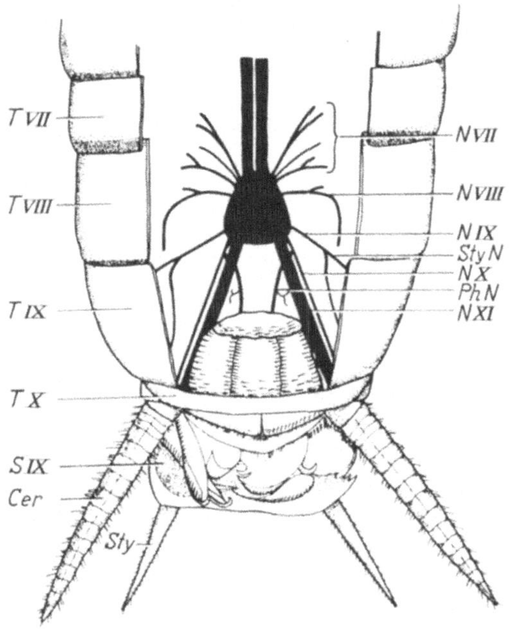

Abb. 45. Das Hinterende einer Schabe mit den Cercen (Cer) und den Nerven, die zum letzten Hinterleibsganglion gehen. T und S mit römischen Zahlen sind Rücken- und Bauchseite der Hinterleibssegmente, N die dazu gehörenden Nerven. Sty ist der Stylus. Nach ROEDER, TOZIAN et al.

sind in jedem Nervenstrang vorhanden, von Hunderten der gewöhnlichen Axone auf 3 μ Diameter umgeben. Nun zeigt es sich, daß die Leitungsgeschwindigkeit in diesen Riesen-Axonen 6—7 m pro Sekunde ist (etwa 25 km die Stunde), d.h., daß die „Weisung" in 2,8 ms durch das Riesen-Axon läuft, 10mal so schnell wie in den gewöhnlichen Axonen. Jedes Riesen-Axon nimmt ebensoviel Raum ein wie etwa 100 gewöhnliche Axone, und es ist klar, daß diese 100mal so viele Mitteilungen geben können als ein Riesen-Axon; aber sie nehmen 10mal soviel Zeit in Anspruch, und bei Gefahr ist es wichtiger, eine kurze Weisung („Feuer!") schnell zu bekommen als eine ausführlichere Erklärung langsamer.

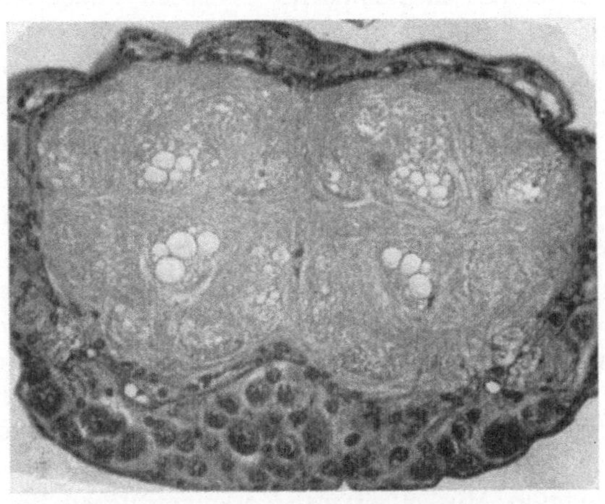

Abb. 46. Querschnitte durch den Bauchnervenstrang am 5. Hinterleibsganglion einer Schabe. Die großen weißen Flecke sind Querschnitte der Riesen-Axone. Nach ROEDER

In einigen Versuchen konnte ROEDER nun den Zeitpunkt für den kleinen Hauch und für die Fluchtreaktion genau feststellen — das Tier war so pfiffig angebracht, daß die Reaktion keine Flucht herbeiführte, sondern nur einen Stoß an eine leichte Kugel. 23 Versuche ergaben von 29—90 ms zwischen Reiz und Antwort, durchschnittlich 54 ms. In dieser Zeit geschieht nun folgendes.

Die Axone von den Sinneszellen der Cercen, etwa 150, sammeln sich in dem Cercalnerven, der ins hinterste Hinterleibsganglion eintritt, wo die Axone sich mittels Synapsen mit vier Riesen-Axonen und zahlreichen kleineren Axonen verbinden. Synapsen sind komplizierte Verbindungen zwischen zwei Nervenfasern; sie erlauben nur Leitung in einer Richtung. Über den Übergang zwischen den Cercalnervenfasern und dem Riesen-Axon weiß man, daß eine gewisse Anzahl von Fasern Impulse geben müssen, ehe sie vom Riesen-Axon weiterbefördert werden, die sogenannte räumliche Summierung. Wenn der Impuls dann den Riesen-Axon durchlaufen hat, vielleicht mit kleinen Verspätungen in dem Ganglion, erreicht er das Bewegungszentrum im hintersten Brustganglion, wo das Riesen-Axon mit den Neuronen des hintersten Beinpaares Synapsen bildet. Über diese Synapsen weiß man, daß eine gewisse Anzahl Impulse nacheinander durch das Riesen-Axon kommen müssen, bevor sie den Eindruck weiterleiten (zeitliches Summieren), aber zugleich, daß sie mit dem Feuern weiterfahren, selbst wenn der Reiz schon vorüber ist. Dies Letztere ist sehr wesentlich, denn daher kommt es, daß die Flucht andauert, auch nachdem das Stimulans für „Gefahr" beendet ist.

Nun kann man experimentell die kleinste Zeit für jede dieser Leitungen herausfinden, und man erhält dann folgendes: Reaktionszeit der Sinneszelle 0,5 ms, die Leitung im Cercalnerven 1,5 ms, Verspätung in der ersten Synapse 1,1 ms, Leitung im Riesen-Axon 2,8 ms, Verspätung in der zweiten Synapse 4,0 ms, Leitung in der motorischen Faser 1,5 ms, Verspätung beim Übergang zum Muskel 4,0 ms, Zusammenziehen des Muskels 4,0 ms, alles in Allem 19,4 ms. Und die schnellste gemessene Reaktionszeit war nur ein klein wenig länger, nämlich 28 ms.

5,8 ms ist die gesamte Leitungszeit durch die Axone, mehr als 20% der am kürzesten gemessenen Reaktionszeit, also ein nicht unwesentlicher Teil davon; man versteht deshalb, daß die Riesen-Axone für die Möglichkeit der Tiere zu entkommen sehr wichtig sind. Man sieht aber auch, daß eine geraume Zeit durch die Verspätungen in den Synapsen in Anspruch genommen wird, und auch das ist wesentlich. Die Funktion der Synapsen ist nämlich nicht nur die „Weisung" weiterzuleiten, sondern auch, sie vorher zu „filtrieren". Diese negative Eigenschaft ist fast wichtiger als die positive; bildlich hat man es solchermaßen ausgedrückt: das Schwierige ist nicht, die Fernsprechteilnehmer zu verbinden, sondern zu verhindern, daß sie falsch verbunden werden!

Diese Schilderung der Fluchtreaktion der Schabe ist ja nur ein Beispiel, obschon ein sehr gut untersuchtes Beispiel; aber es ist gar nicht ausgeschlossen, daß die Funktion der sogenannten Hörhaare in den überwiegenden Fällen eine Warnung sein wird.

Ein kleines Sängerhirn

Kein Insekt ist akustisch so wohl untersucht wie die Grille;
natürlich fehlen auch nicht Untersuchungen über die Gesang-
zentren im Gehirn (HUBER, 1955, 1962, 1963), und da ihre
Methodik und die gewonnenen Resultate gleich spannend sind,
sollen sie hier kurz besprochen werden.

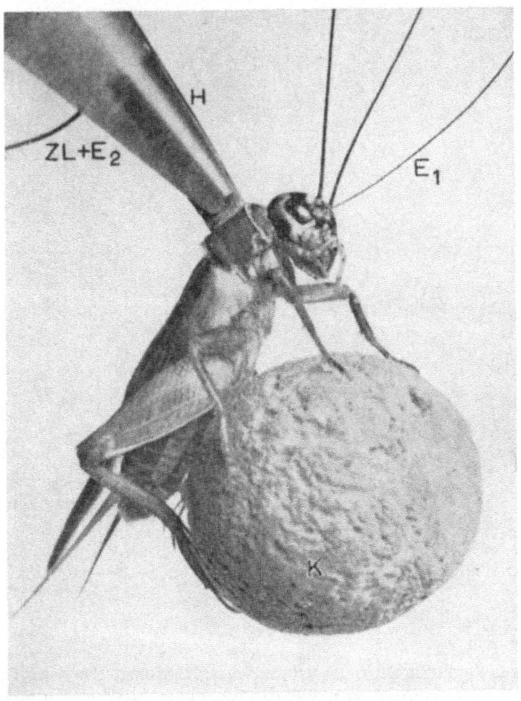

Abb. 47. Ein Grillengehirn wird untersucht. Nach HUBER

Die Technik ist „einfach": die Grille wird betäubt und an
einer mit einer Elektrode (ZL $+$ E$_2$, Abb. 47) verbundenen
Kupferstange (H) befestigt. Durch ein kleines ausgeschnittenes
Loch im Kopf wird das Gehirn freigelegt; mit einer zweiten,
15—30 μ dicken Elektrode, E$_1$, kann man nun das Gehirn
reizen, wo man will. Zwischen den Beinen der Grille steckt ein

Korkball, damit sie, wenn sie erwacht, das Gefühl hat, sich zu bewegen, ohne sich tatsächlich von der Stelle zu rühren; sie benimmt sich dabei ganz normal.

Abb. 48 A zeigt einen Schnitt durch dieses Gehirn, von oben gesehen. Es besteht aus drei Teilen: vorne das Vorderhirn,

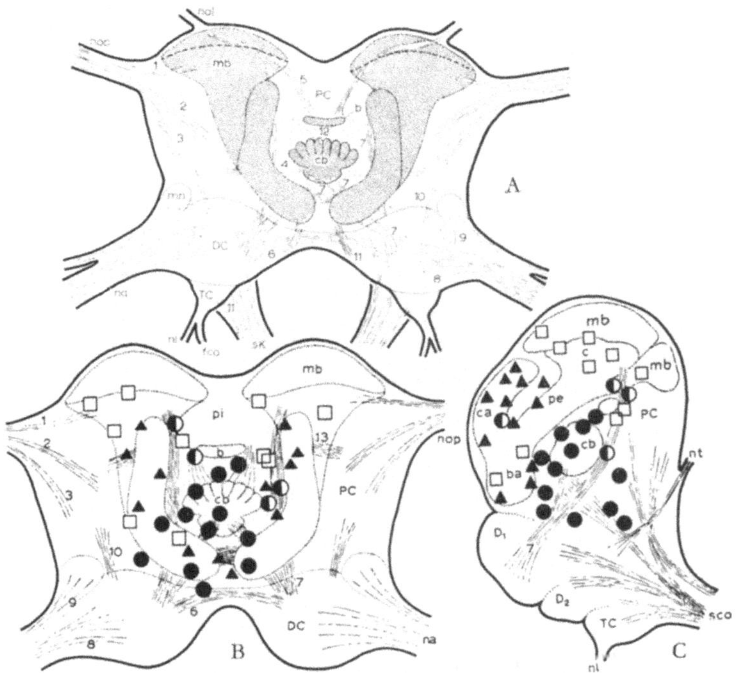

Abb. 48. Das Grillengehirn. A ist ein Schnitt durch das Gehirn, von oben gesehen, B und C zeigen, von wo die einzelnen Singbewegungen ausgelöst werden. Nach HUBER in BUSNEL: „Acoustic Behaviour of Animals"

Protocerebrum (PC), dann das Deutocerebrum (DC) und hinten das Tritocerebrum (TC), von welchem der Bauchnervenstrang nach hinten geht. In das Deutocerebrum führen die Antennennerven; das Protocerebrum ist das eigentliche „Großhirn", um menschlich zu sprechen. Zwei Elemente darin sind in unserem Falle von Bedeutung: der Zentralkörper (cb) und die Pilzkörper (corpora pedunculata, mushroom bodies, mb).

Die Abb. 48 B—C erläutern, was Huber herausfand, wenn
er die verschiedenen Teile des Gehirns elektrisch stimulierte.
Erreichte die Spitze der Elektrode den obersten Teil der Pilzkörper (☐), wurde der Gesang behindert. Dort mußte also ein
Hemmungszentrum vorhanden sein. Das stimmte gut damit
überein, daß Huber in früheren Versuchen diesen Teil des Gehirns *beschädigt* hatte mit dem Erfolg, daß das arme Tier sang
und sang, bis es erschöpft zusammenfiel.

Ein normaler oder fast normaler Lockgesang wurde im
sogenannten a-Lobus der Pilzkörper (▲) ausgelöst. Den Rivalengesang dagegen erhielt er, wenn er den mit Deutocerebrum in
Verbindung stehenden Teil des Stieles reizte, den sogenannten
Tractus olfactorio-globularis (◖), was mit der Tatsache in
schöner Übereinstimmung steht, daß die Kämpfe mit „Antennen-
peitschen" anfangen (siehe S. 27), also durch Reiz von den
Fühlern.

Aber das Merkwürdigste war, daß ein Reiz des Zentral-
körpers (●) einen ganz atypischen Gesang auslöste, aus vielen
schwachen Chirps bestehend, die sich ohne Unterbrechung wie-
derholten. Dieser Gesang wird in der Natur nie gehört, und die
anderen Grillen wollen ihn nicht als einen ihrer Gesänge gut-
heißen. — Die vier Gesänge werden in Abb. 49 gezeigt; oben
ein normaler Lockgesang einer nicht operierten Grille (a), dann
derjenige einer operierten (b), deren Rivalengesang (c) und zuletzt der fremde, atypische Gesang (d).

Aus diesen und vielen weiteren Erfahrungen läßt sich schließen, daß das Auslösen des Gesanges und seine Hemmung in
unterschiedlichen Teilen des Gehirns stattfinden, aber beides in
den Pilzkörpern, daß diese Körper nur einen Impuls: „singe"
oder „singe nicht" weiterleiten können, während es im Zentralkörper bestimmt wird, *wie* gesungen werden soll. Von dort wird
der Impuls durch den Bauchnervenstrang zum 2. Brustganglion
weitergeleitet, wo er in die Bewegung der Flügel übersetzt wird:
den Gesang. Dieses Brustganglion hat auch eine kleine Selb-
ständigkeit, denn falls es von jeder Verbindung mit dem Gehirn
abgeschnitten wird, so wird doch ein Reiz auf einige Haare am
Flügelgrunde schwache, nur kurze Zeit währende und stumme
Singbewegungen auslösen.

Vieles weiß man in der Tat schon darüber, wo im Gehirn
der Gesang ausgelöst wird, und man versteht auch, warum die
Fühler beim Auslösen des Rivalengesanges aktiv sind. Und man
weiß, daß ein Reiz an den Cercen den Werbegesang auslösen kann,
obwohl man noch nicht weiß, durch welche Kanäle. Darüber
hinaus ist, was die Grille betrifft, bekannt, daß merkwürdigerweise ihr Lockgesang *nicht* durch das Gehör ausgelöst wird; sie
singt immer, selbst wenn ihre Tympanalorgane entfernt worden
sind. Ich sage ausdrücklich, was die Grille angeht, denn für die Heuschrecken mit Wechselgesang kann dies ja nicht gelten. Und tatsächlich wissen wir auch nichts darüber, wo im Gehirn und in welcher Weise der Reiz von den Tympanalorganen analysiert wird.

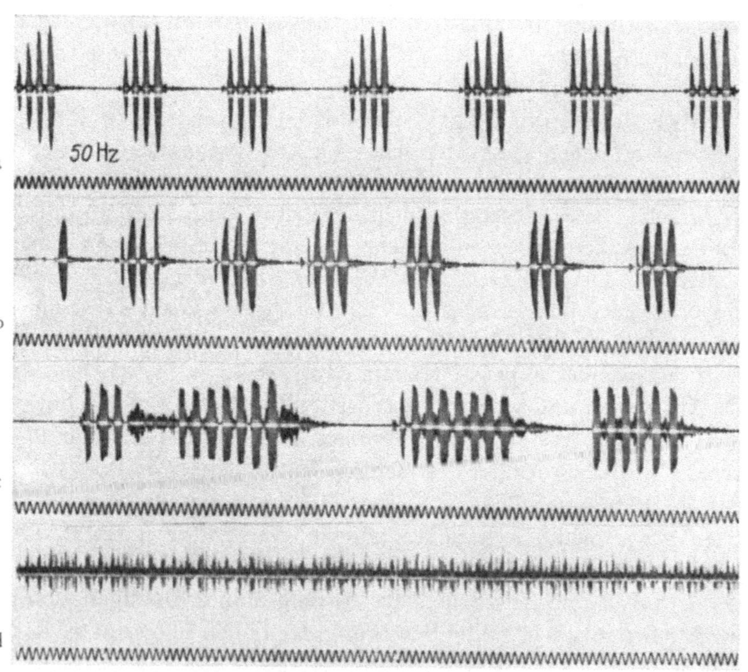

Abb. 49. Oszillogramme des Gesanges der Feldgrille. a normaler Lockgesang, b der Lockgesang, wenn der Pilzkörper bei ca in Abb. 48 gereizt
wird. c der Rivalengesang beim Reiz des Gebietes 7 in Abb. 48, von wo die
Fühler innerviert werden. d ein ganz fremder Gesang beim Reiz des Zentral-
körpers cb in Abb. 48. Nach Huber

90

Un-orthodoxe Heuschreckenstimmen

Nun können aber die Heuschrecken auf viele andere Weisen singen, als die bisher besprochenen sogenannten „orthodoxen"; hier können jedoch nur ganz wenige, vorzugsweise dänische Arten mit un-orthodoxen Stimmen Erwähnung finden.

Da ist z. B. die Schnarrschrecke, *Bryodema tuberculata*, diese große plumpe Heuschrecke, die wir, wenn wir Glück haben, auf den Heiden Jütlands und Norddeutschlands sehen können; sonst scheint sie alpin zu sein. Wenn sie im Heidekraut sitzt, sieht man sie kaum; schreckt man sie aber auf, kommen die prachtvollen roten Hinterflügel zum Vorschein, und man hört einen schnarrenden Laut — daher der Name. Sie ist die einzige dänische Art, die wirklich fliegt, bis zu 5 m in die Höhe und mehrere Minuten lang; und dann und wann während des Fluges hört man, besonders bei den Männchen, diesen schnarrenden Laut. Abb. 50 zeigt die sehr kräftigen Längsadern in den Hinterflügeln, und das Schnarren scheint dadurch hervorgerufen zu werden, daß die gespreizten Hinterflügel nach unten und vielleicht fächerförmig zusammengeschlagen werden. Besonders die mit + markierte Ader ist wichtig; schneidet man den vorderen Teil des Hinterflügels einschließlich dieser Ader weg, dann ist es mit dem „Gesang" vorbei; wird die Ader beibehalten, schnarrt das Tier wie früher (FABER, 1937). Wenn die Schnarrschrecke während des Fluges nicht schnarrt, sind die Hinterflügel bis zu einem gewissen Grade zusammengeschlagen. Der Laut ist ein Ton; FABER vergleicht ihn mit einem schnellen rollenden Zungenspitz-r, mit einer (durch das Ohr) unbestimmbaren Frequenz. Der Gesang ist als „feind-abschreckend" angesehen worden, ist aber eher ein Teil der Balz, die auch verschiedene andere, weniger geräuschvolle Ingredienzen enthält. Eine gewöhnliche Stridulation kommt so gut wie niemals vor.

In Abb. 50 sieht man auch eine andere, nahe verwandte Heuschrecke, die Ödlandschrecke, *Oedipoda coerulescens*, um den Unterschied in der Ausbildung der Flügeladern zu zeigen; *Oedipoda* macht während des Fluges weit weniger Geräusch.

Eine andere nord- und mitteleuropäische Heuschrecke mit merkwürdiger Stimme ist *Mecostethus grossus*, die sogenannte

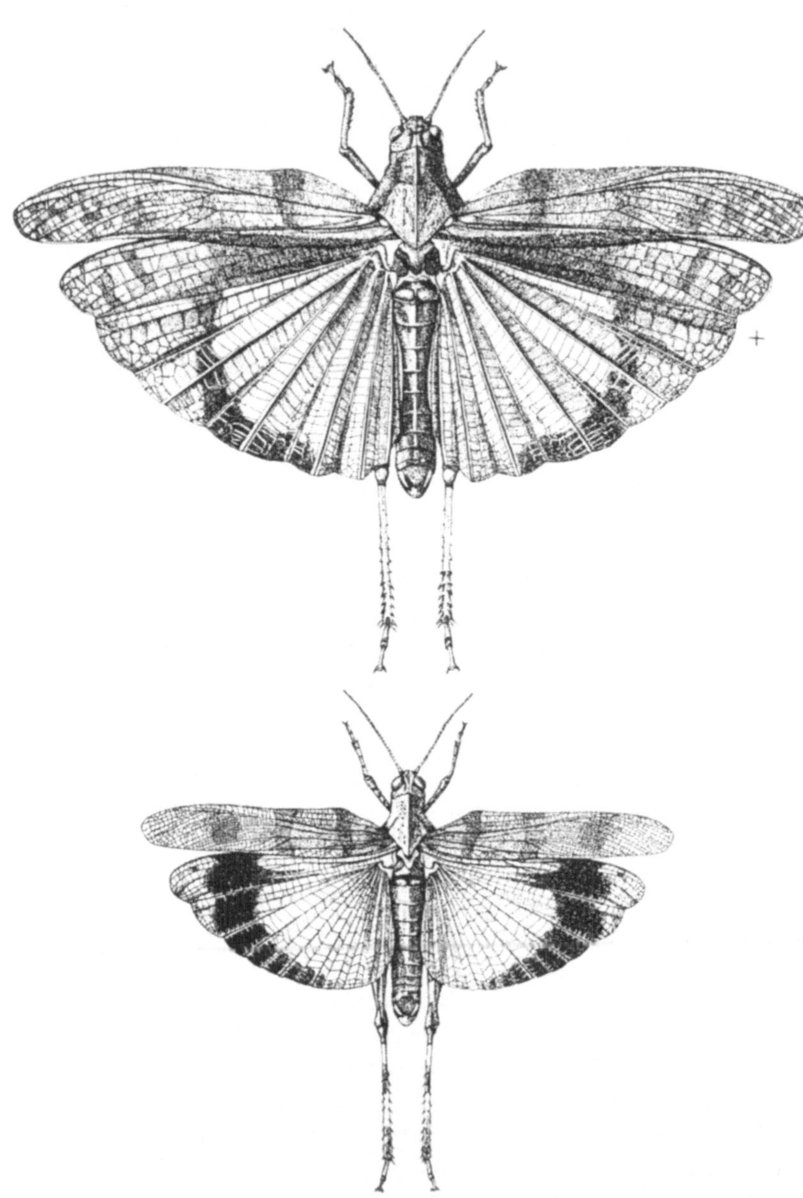

Abb. 50. Zwei Heuschrecken, die mit den Flügeln während des Fluges „singen"; oben die Schnarrschrecke mit den kräftigen Längsadern im Hinterflügel, unten die weit zierlichere Ödlandschrecke *Oedipoda coerulescens*. Nach FABER

Sumpfschrecke, eine Oedipodine wie die eben genannten. Man findet besonders in dieser Unterfamilie abweichende Stimmen; die Acridinen sind mehr orthodox! *Mecostethus* ist eine schön gefärbte, grünlich-braune Heuschrecke von ein paar Zentimetern Länge, die an feuchten Stellen häufig ist. Ihr Trommelfell liegt ganz offen, im Gegensatz zu dem der meisten Heuschrecken. Sie hat eine merkwürdige Spielweise erwählt: sie schleudert ihr Hinterbein nach hinten, wodurch seine Dornen an die Flügelspitze schlagen, 2—3mal in der Sekunde und mit einem kleinen scharfen Laut. Das ist der Lockgesang des Männchens, es ist aber auch ein Teil eines Rivalengesanges, denn bisweilen gehen die Männchen aufeinander los, spielen sich gegenseitig einige Klicks vor, und scheiden sich wieder. Es läßt sich denken, der Gesang könne aus einer Bewegung entstanden sein, um den Rivalen wegzukicken, die dann aber in einen Spontangesang übergegangen sei.

Eine dritte Weise hat die zierliche kleine hellgrüne Laubheuschrecke mit den zwei roten Pünktchen am Rücken erwählt, die Eichenschrecke, *Meconema varium*, die heute nach den Nomenklaturregeln *thalassinum* heißen muß, obgleich sie mit dem Meere weniger als nichts zu tun hat. Sie ist abends aktiv; man sieht sie oft ans Licht fliegen. Ihre Spielweise erinnert an die der Spechte: sie drückt die Hinterschiene fest an den Hinterschenkel und trommelt dann auf die Unterlage. Der Laut ist nicht abgebildet, soll aber wie ein kürzerer oder längerer Triller anmuten (oder eigentlich tremolo, da die Tonhöhe unverändert bleibt). Die ganze Unterlage schwingt mit, und diese Schwingungen werden, jedenfalls im Käfig, auf das Weibchen übertragen (HARZ, 1955). In dieser Beziehung ist es interessant, daß die BUSNELS 1956 beobachtet haben, daß das Männchen einer anderen Laubheuschrecke, der früher erwähnten Sattelschrecke, *Ephippiger bitterensis*, durch ganz feines Zittern vom Blatt oder Zweig, worauf es sitzt, etwa 20—25mal pro Sekunde, das Weibchen anlockt, aber erst, wenn es wenige Zentimeter von ihm entfernt ist und nicht mehr von seinem Gesang angeregt wird.

Noch viele abweichende Spielmethoden könnten erwähnt werden; oben sprachen wir von der Schönschrecke, *Calliptamus*, die durch Reiben der Mandibeln singt und gar diesen Gesang variieren kann. Nur ein Beispiel soll noch gegeben werden, die merkwürdige, in Südafrika lebende Heuschrecke *Bulla*, deren ganzer Körper sich zu einer Trommel entwickelt hat (Abb. 51). Schon im Jahre 1795 schrieb THUNBERG über diese Tiere, die ihre

Abb. 51. Die südafrikanische Heuschrecke *Bulla*. In der Mitte unten die Feile. Der ganze Hinterleib ist eine Trommel. Orig.

hakenbekleideten Hinterbeine über den leeren und durchsichtigen Magen rieben und dadurch einen schnurrigen Laut hervorbrachten (KEVAN, 1955). Die Abbildung zeigt, daß sie eine Feile seitlich am 3. (?) Hinterleibssegment haben, über die sie eine andere Feile am Hinterschenkel reiben; über den Gesang und seine Bedeutung weiß man nichts; wahrscheinlich wirkt fast der ganze Körper als Resonanzboden.

Andere stridulierende Insekten

Wie schon gesagt, ist behauptet worden, überall dort, wo zwei Chitinteile mit einer Fläche aneinanderstoßen, könne man bei irgendwelchem Insekt immer ein Stridulationsorgan finden, und ganz falsch ist das nicht. Es wäre deshalb hoffnungslos, wollte man in diesem kleinen Buche alle Möglichkeiten und alle bekannten Fälle erwähnen; nur wenige, die beachtenswert sind, und besonders natürlich solche bei einheimischen Tieren, müssen genannt werden.

Eine charakteristische Serie derartiger Organe ist von einem der bedeutendsten Entomologen des vorigen Jahrhunderts, dem Dänen J. C. SCHIÖDTE, beschrieben worden. Er fand bei der Mistkäferlarve *Geotrupes stercorarius*, daß die Mittelhüften eine breite Fläche mit gebogenen Querrippen von dichtgestellten, zusammengedrückten, gesägten Knospen tragen, ähnlich einem altmodischen Waschbrett, die pars stridens (Abb. 52 B, p. s.). Über diese Fläche reibt das Hinterbein, das stark verkürzt ist und beinahe nur aus dem Schenkelring besteht, der an der Vorderseite einen Kamm von wenigen kurzen Zähnen trägt, das Plektrum (Abb. 52 A—C, pl.).

Bei der Larve von *Dorcus parallelepipedus* (D—E) und den anderen Hirschkäfern ist die Stridulationsfläche (p. s.) größer, mit Körnchen genoppt, und die Hinterbeine sind weniger verkürzt, dafür aber ist der Kamm am Schenkelring besser entwickelt und besonders abgesetzt (pl). Und endlich finden wir die extremste Entwicklung bei der dritten Skarabäiden-Familie, den Passaliden (F—H), wo die Stridulationsfläche der Mittelbeine kräftig entwickelt ist (p. s.), und die Hinterbeine zu einem kurzen kräftigen Glied mit einer kurzen Reihe kräftiger Zähne reduziert sind, das nur als Spielorgan, Plektrum (pl), verwendet werden kann.

Das scheint ja eine schöne Entwicklungslinie zu immer größerer Zweckmäßigkeit zu sein, aber man fragt sich: zu welchem Zweck? Eine Mistkäferlarve lebt einsam auf ihren Dung-Massen, die Hirschkäferlarven leben allein in ihrem Gang im Baum. Die Passaliden leben allerdings gesellschaftlich in morschem Holz und haben sogar eine recht wohl entwickelte Brutpflege. Es ist noch dazu behauptet worden, die erwachsenen Passaliden, die die Larven hüten, würden sie durch ihr Spiel zusammenhalten — die Erwachsenen haben nämlich auch Stridulationsorgane, und ALEXANDER und seine Mitarbeiter haben den „Gesang" sowohl

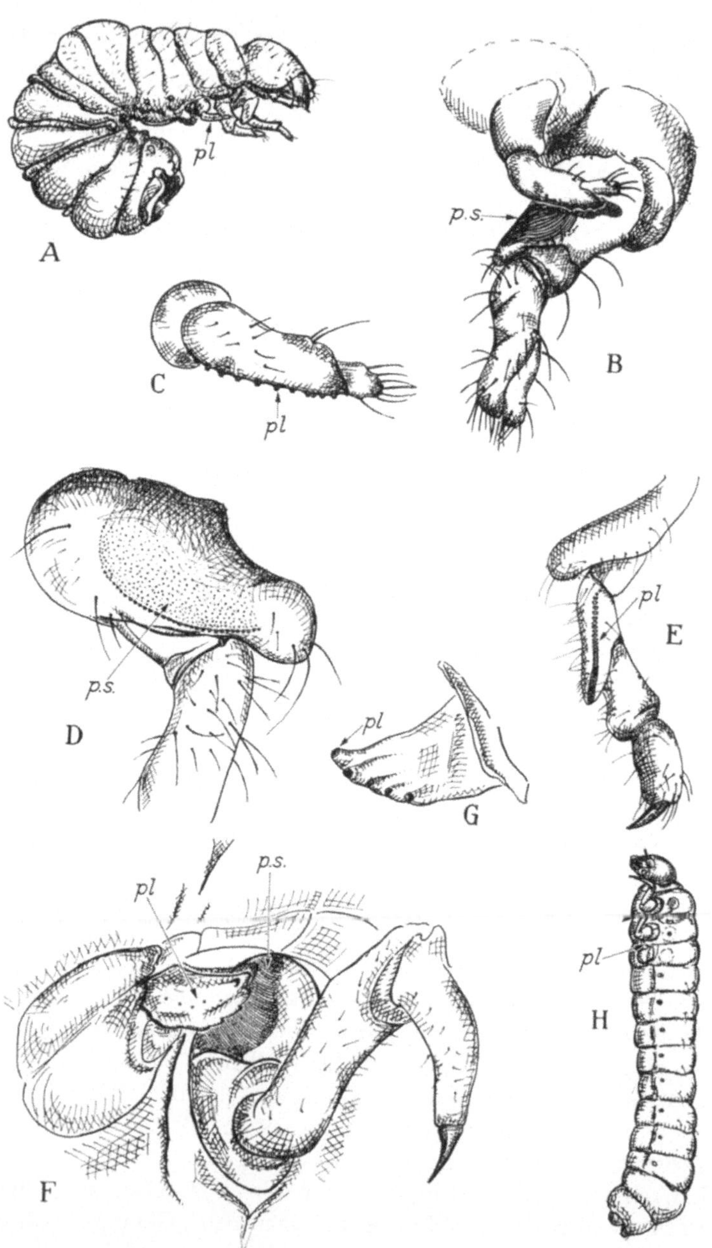

A
pl
B
p.s.
C
pl
D
p.s.
E
pl
F
pl
p.s.
G
pl
H
pl

der Erwachsenen wie der Larven aufgezeichnet (1963). Aber tatsächlich weiß man nicht, ob die Larven hören können, weder was die Erwachsenen außerhalb des Baumes stridulieren noch was sie selbst in dem Baum „einander sagen"; bis zum völligen Verständnis ist noch ein weiter Weg.

Dieses Beispiel ist für die allermeisten der unglaublich vielen Stridulationsorgane, die morphologisch beschrieben worden sind, typisch: der eventuell abgegebene Laut und sein Zweck sind völlig unbekannt. Für Unternehmungslustige liegt hier ein reiches Gebiet.

Auch der erwachsene Mistkäfer „knarrt"; ein jeder kann sich davon überzeugen, wenn er ihn einfach in die Hand nimmt. Der Laut ist kräftig und wird wahrscheinlich dadurch hervorgebracht, daß die Unterseite der Flügeldecken gegen eine geriefte Fläche an der Oberseite des vorletzten Hinterleibssegmentes reibt. Auch wenn das Männchen während der Balz dem Weibchen folgt, hört man dann und wann diesen Laut, dann aber schwächer. Sie können auch dadurch Laut geben, daß sie eine geriefte Fläche an den Hinterhüften gegen die Bauchseite (die Kante der Hüftenschale) streichen (Abb. 53). Man kann sich leicht von beiden Stimmen überzeugen, wenn man einen auf den Rücken gefallenen Mistkäfer beobachtet; aber wann sie sich dieser oder jener der beiden Stimmen im täglichen Leben bedienen, weiß man noch nicht.

Daß die Bockkäfer „knarren", wenn man sie in die Hand nimmt, hat gewiß jedermann gehört, und hier weiß man ein wenig mehr, wenn auch nicht Vieles. Der Laut wird dadurch hervorgebracht, daß die hintere Kante der Vorderbrust (des Rückenschildes) als ein scharfes Plektrum über eine geriefte Fläche an der Oberseite der Mittelbrust streicht (Abb. 54). Die

Abb. 52. Stridulierende Skarabäidenlarven. A, B, C zeigen den Mistkäfer mit geriefter Mittelhüfte (p. s.) und einer Zahnreihe am Schenkelring der Hinterbeine (pl). D und E sind vom Hirschkäfer mit gekörnter Mittelhüfte (p. s.) und Zahnreihe am Schenkelring des Hinterbeins (pl). F, G, H endlich zeigen den äußersten Punkt der Entwicklung, die Passalidenlarve, bei der das Hinterbein zu einem ganz kleinen Plektrum (pl) reduziert ist. Von HENNING PETERSEN gezeichnet

Stimme eines amerikanischen Bockkäfers, *Tetraopes tetrophthalmus*, ist von ALEXANDER im Jahre 1957 aufgezeichnet worden (Abbildung 55). Er hat einen kräftigeren Laut, den ALEXANDER

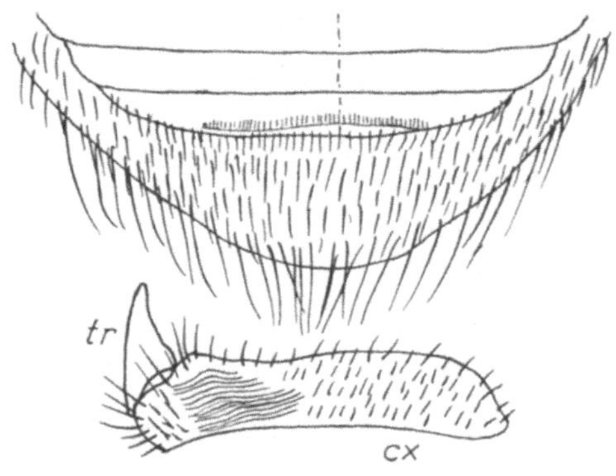

Abb. 53. Die vermuteten Stridulationsorgane des Mistkäfers. Oben die Rückseite des vorletzten Hinterleibssegmentes, unten die Hinterhüfte. Orig.

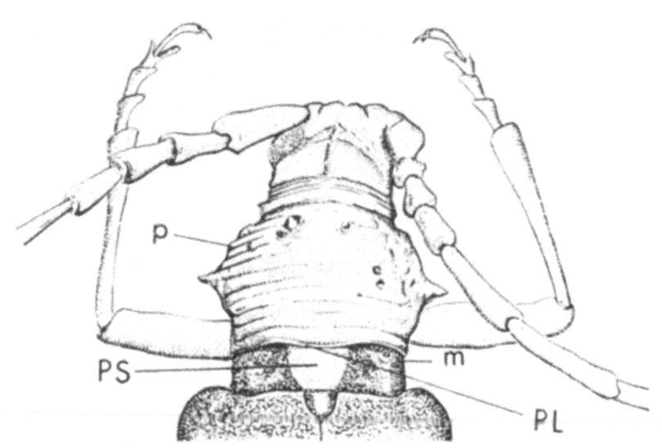

Abb. 54. Stridulationsorgane eines Bockkäfers. p ist die Vorderbrust, m die Mittelbrust; PS und PL sind die stridulierenden Teile. Nach DUMORTIER in BUSNEL: „Acoustic Behaviour of Animals"

zirpend nennt; das ist der Laut, den wir von allen Bockkäfern kennen. Viele Frequenzen sind darin gemischt, besonders kräftige um 3 und 5 kHz. Wenn das Tier aber ganz still auf seiner Pflanze herumwurstelt, hat es eine andere Stimme, die ALEXANDER mit dem wohlgefälligen Schnurren einer Katze vergleicht. Sie ist schwächer und mit einer Frequenz um 2 kHz, wird aber dafür häufiger wiederholt. Über die biologische Bedeutung dieser zwei Stimmen wissen wir nichts; aber MICHELSEN hat im Jahre 1963

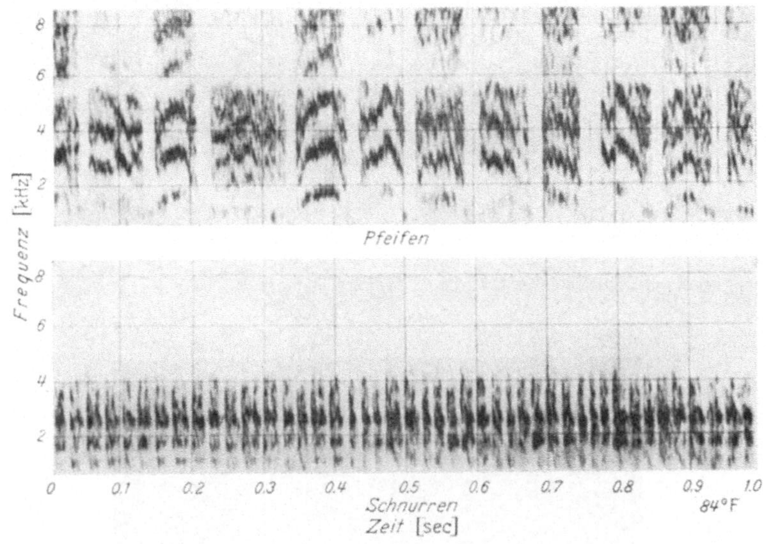

Abb. 55. Die zwei Stimmen eines amerikanischen Bockkäfers.
Nach ALEXANDER

einen „Werbegesang" bei beiden Geschlechtern des gewöhnlichen wespenähnlichen Bockkäfers *Clytus arietis* gefunden; wahrscheinlich werden diese Knarrlaute sich als ebenso differenziert und biologisch bedeutungsvoll zeigen wie der Gesang der Heuschrecken. Siehe auch Abb. 56 aus den Untersuchungen von TEMBROCK.

Eine Menge Käfer stridulieren, unter den Blattkäfern z.B. die Donaciinen wie die Bockkäfer und viele andere (*Lilioceris* z.B.) wie die Mistkäfer, und andere Käfer wieder in ganz anderen Weisen. Gemeinsam für alle ist, daß der Laut nicht aufgezeichnet ist und seine biologische Bedeutung nicht untersucht. Ganz davon zu schweigen, daß man nicht weiß, wie diese Laute überhaupt gehört werden; Hörorgane sind nicht bekannt.

Ameisen stridulieren, auch die einheimischen, wenn auch nur sehr schwach, aber einige tropische Poneriden singen sehr laut. Sie reiben das (anscheinend) vorderste Hinterleibssegment gegen den hinteren Teil des Stieles. Man weiß, daß sie hören können (AUTRUM), aber nicht wie.

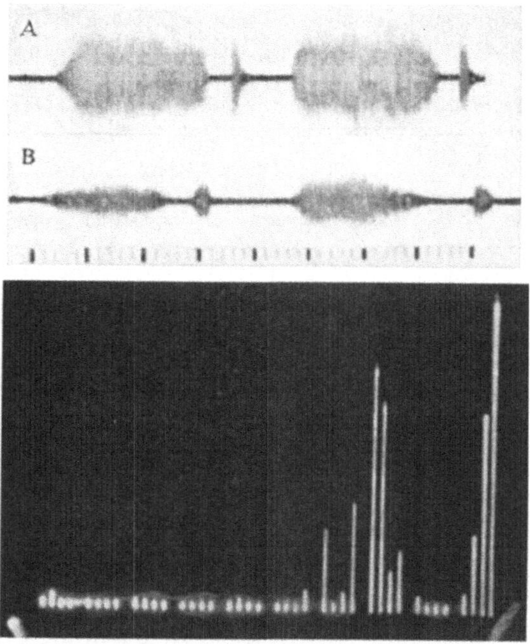

Abb. 56. Oszillogramme vom Gesang des großen Bockkäfers, *Cerambyx cerdo*. A beim Männchen, B beim Weibchen. Der lange Laut ertont, wenn die Vorderbrust nach unten gebogen wird, der kurze beim Aufwärtsbiegen. Rechts eine Frequenzanalyse; die größte Lautstärke um 5000—6000 Hz. Nach TEMBROCK

Auch bei Schmetterlingen gibt es viele Beispiele von Stridulationsorganen; besonders spannend vielleicht bei Puppen, die in ihrem Kokon liegen. HEMMINGSEN (1947) hörte es bei einem chinesischen Schmetterling, *Eligma narcissus*, einem eulenartigen Nachtfalter. Er hörte einen summenden Laut von den Akazienbäumen und fand, daß er aus einem papier- oder holzartigen Kokon käme. Es zeigte sich, daß eine Schmetterlingspuppe ihn verursachte, deren Hinterende wie eine Feile gebildet war, die über eine Reihe von fächerartig angebrachten Rippen an der Innenseite des Kokons rieb (Abb. 57). Zu welchem Zweck? Vielleicht um freche Schmarotzerwespen fernzuhalten — man ist immer sehr rasch bereit, einem Laut eine „verscheuchende" Funktion zuzuschreiben — aber die Schmarotzerwespen, die HEMMINGSEN an den Kokons sah, ließen sich keineswegs verscheuchen. Später sind

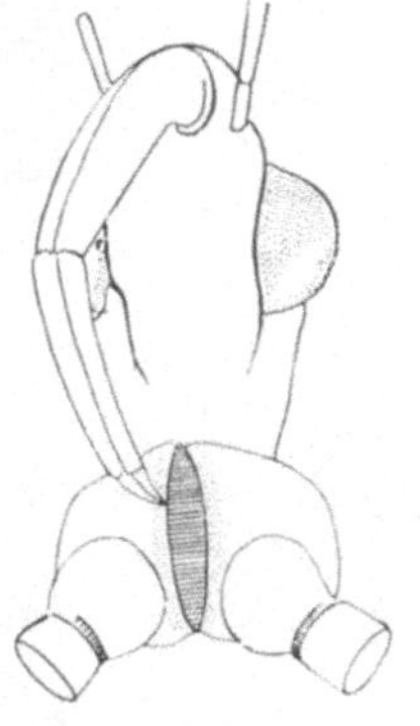

Abb. 57   Abb. 58

Abb. 57. Stridulationsorgan bei einer chinesischen Schmetterlingspuppe, *Eligma narcissus*. Links der Kokon mit den Rippen nach hinten, rechts das Hinterende der Puppe mit der Zahnreihe. Nach HEMMINGSEN

Abb. 58. Kopf und Vorderbrust der Schnabelwanze *Coranus subapterus*. Nach POISSON

weitere Fälle bekannt geworden (HINTON, 1948), es wurde aber noch keine Erklärung gefunden.

Auch bei Wanzen sind zahlreiche Stridulationsorgane bekannt geworden; komisch ist es bei den Raubwanzen, z.B. bei der in Häusern vorkommenden Schnabelwanze, *Reduvius personatus*. Die Vorderbrust trägt der Mitte entlang eine geriefte Rinne, und auf dieser spielt das Tier mit einigen Zähnen der Rüsselspitze; es spielt sich selber auf der Nase! Warum? Wir wissen es nicht.

Über andere Wanzen wissen wir mehr, z.B. über die gewöhnliche *Sehirus bicolor*, der Familie der *Cydnidae*, der Erdwanzen, angehörig (Abb. 59). Eine Feile an der Unterseite der Hinterflügel und eine Kante am ersten Hinterleibssegment sind der ganze Apparat, aber einige Resonanzkammern in den ersten drei Hinterleibssegmenten verstärken den Laut. Der Gesang ist

analysiert (HASKELL, 1957); das Männchen verfügt über drei
verschiedene Gesänge, einen Spontangesang und zwei Werbegesänge, mit derselben Trägerfrequenz, aber einer unterschied-

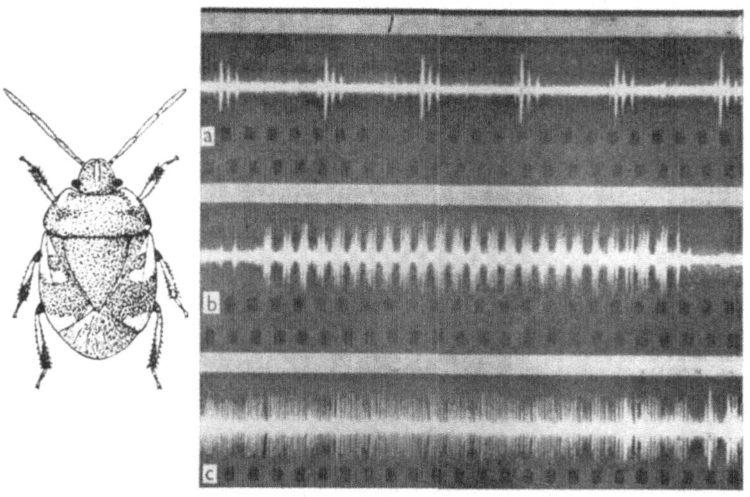

Abb. 59. Die Wanze *Sehirus bicolor* (nach JENSEN-HAARUP) und Oszillogramme drei ihrer männlichen Gesänge. Nach HASKELL

lichen Anzahl Impulse pro Sekunde und pro Chirp. Es wäre ja
naheliegend, von diesem Gesang zu sagen, er stehe im Dienst der
Begattung — und dann zeigt es sich: ob das Männchen singt oder
nicht, das Weibchen sucht es mit dem Geruchsinn!

Das waren alles nur Beispiele, die innerhalb der Insekten um
Tausende vermehrt werden können; und auch bei Spinnen
(LEGENDRE, 1963), Tausendfüßlern (CLOUDSLEY-THOMPSON,
1961), Skorpionen (derselbe, 1958), ja sogar bei vielen Krebstieren (DUMORTIER, 1960) sind Stridulationsorgane bekannt geworden. Daß diese Organe wirklich lauterzeugend sind, ist bei
weitem nicht immer konstatiert, im Gegenteil zeigte eine nähere
Untersuchung einmal, daß ein solches als Stridulationsorgan an-
gesehenes Organ tatsächlich ein Greiforgan zum Festhalten des
Weibchens während der Paarung war (*Saldidae*, LESTON, 1957).
Auch ist der Charakter und die Bedeutung des Gesanges nur in

wenigen Fällen bekannt und kann wohl nur in Verbindung mit eingehenden Verhaltens-Studien herausgefunden werden.

Unterwassersänger

Bevor wir aber die Frage der Stridulation verlassen, müssen wir eine „Abart", sozusagen, erwähnen, nämlich die Stridulation unter Wasser. Das führt noch eine Reihe physischer Probleme mit sich, die lange nicht geklärt sind.

Befindet man sich an stillen Frühlingsabenden und -nächten in der Nähe von größeren Seen, kann man, sogar auf mehrere Meter Abstand, einen anhaltenden Gesang, fast wie den der Grillen, hören. Das sind die Wasserzikaden, *Corixa*, die ihren Sirenengesang verlauten lassen; nimmt man sie nach Hause ins Aquarium, kann man sie auch dort zu hören bekommen. Das hat man seit 1845 gewußt und auch, daß einige unter ihnen zwei Gesänge haben; aber was eigentlich geschieht, darüber herrschten viele Meinungen. Erst v. MITIS (1936) und SCHALLER (1951) klärten diese Frage.

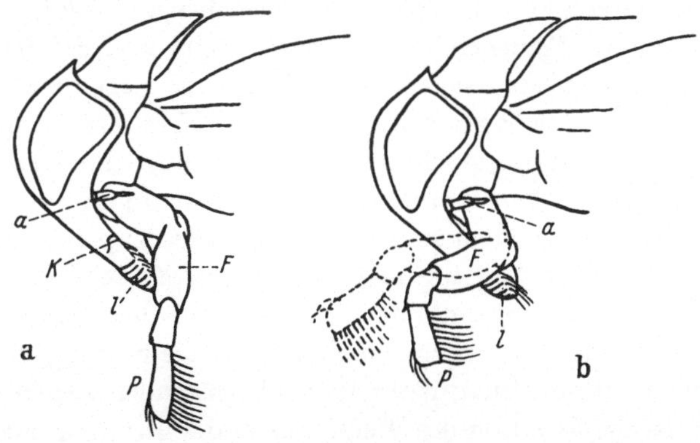

Abb. 60. Kopf und Vorderbeine von der Wasserzikade *Corixa geoffroyi*. a sind die Fühler, K ist die Seitenkante des Kopfes und F der Schenkel, die den Spielapparat darstellen; l und p sind die Rippen der Frons und „pala", die kein Spielapparat sind. Nach v. MITIS

Die Vorderbeine der Wasserzikaden haben an dem äußersten Glied, Pala, eine längere Reihe von Dornen (Abb. 60); und man glaubte, daß die Tiere diese Dornen über einen gerieften Teil an der Stirn strichen. Aber überdies haben sie am Schenkel ein Gebiet mit kürzeren Dornen, und tatsächlich sind es diese Dornen, die sie über die scharfe Seitenkante des Kopfes streichen. Die Dornen an der Pala werden zum Festhalten während der Begattung gebraucht.

Die zwei Gesänge werden in der Tat in der gleichen Weise hervorgebracht. Wenn das Vorderbein dem Kopfe entlang gestrichen wird, reibt das Dornenfeld gegen die Kante des Kopfes, während die Pala den Kopf gar nicht berührt. Wenn beide Vorderbeine gleichzeitig an den Kopf geschlagen werden, entsteht ein zirpender Laut, wie bei der Grille; streicht dagegen jedes Bein wechselweise und ruhig über den Kopf, entsteht ein schwächerer Laut, wie wenn man ein Messer wetzt. Die Frequenz und eventuelle Impulsmodulation ist nicht aufgezeichnet. Nur wenige deutsche Wasserzikaden-Arten singen, unter diesen die große *Callicorixa striata*. Es singen nur die Männchen. Bringt man mehrere Männchen in einem Aquarium unter, entdeckt man, daß sobald ein Männchen zu singen beginnt, die anderen sofort auch anfangen; man hat sogar einen Wechselgesang von 2—4 Sekunden Dauer bemerken können. Sie können sich also gegenseitig hören. Kann auch das Weibchen hören? Das war schwer zu entscheiden, denn die Tiere paaren sich so schnell, daß die Reaktionen einer reinen Jungfrau nicht zu entdecken waren. Dann setzte man aber ein kleines Aquarium, noch dazu undurchsichtig, mit Männchen zu den jungfräulichen Weibchen ins Wasser und fand folgendes. Sobald die Männchen zu singen begannen (den zirpenden Laut), wurden die Weibchen unruhig und fingen an in Kreisen zu schwimmen, mit eingentümlichen stoßweisen Bewegungen. Sie konnten also die Männchen hören. Und da die paarungslustigen Männchen sich mit Eifer über alle sich bewegenden Gegenstände werfen, ist die Reaktion des Weibchens in der Tat die Einleitung zu einer kurzen Balz.

Die Hörorgane, einige Tympanalorgane an der Mittelbrust, sind bei beiden Geschlechtern vorhanden. Den Bau kennen wir schon; sie haben aber nur zwei Sinnesstifte und dazu einen kolbenförmigen Gegenstand an der Mitte des Trommelfelles (Abb. 61). Die Funktion des Kolbens ist unbekannt; das Gehör wird nicht wesentlich beeinflußt, wenn er fehlt. Wenn die Tym-

panalorgane aber entfernt werden, sprechen die Tiere nicht mehr
auf Schall an. Die Tympanalorgane sitzen direkt am Mittelbrust-
Stigma — die Wasserzikaden atmen ja atmosphärische Luft —

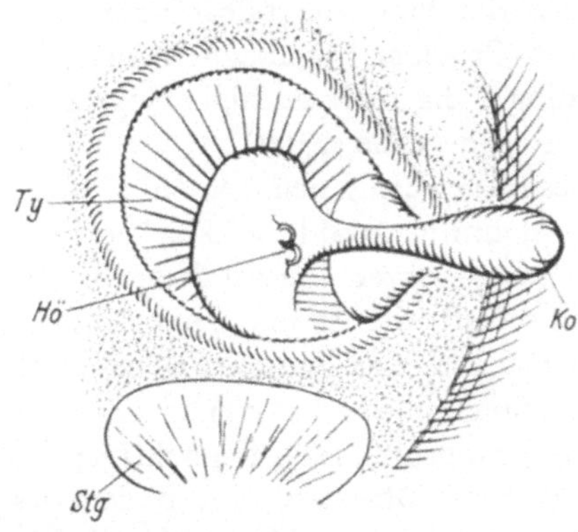

Abb. 61. Das Hörorgan einer Wasserzikade. Ty ist das Trommelfell, Hö die
Stelle, wo die beiden Axone von innen anschließen, Ko der mysteriöse Kolben
und Stg das Stigma der Mittelbrust. Nach SCHALLER

und auch die Tympanalorgane sind von Luft umgeben; was sie
registrieren sind also eindeutig die Schwingungen in der Luft,
selbst wenn diese ja früher oder später das Wasser passiert
haben müssen. Und das ist gerade das rätselhafte an diesen Unter-
wassersängern. Wie wird der Ton beim Übergang von Wasser
zu Luft beeinflußt? Die Grenze zwischen Luft und Wasser wirkt
wie ein Spiegel, der einen kolossalen Prozentsatz des Schalles
zurückwirft. Bei jedem Übergang wird die Lautstärke um 30 db
geschwächt. Wenn wir den Gesang über dem Wasser hören
können, muß er also eine enorme Stärke unter dem Wasser haben,
und wie wird ein solch kräftiger Laut hervorgebracht, und wie
wird er wahrgenommen? Das sind dieselben Probleme, mit denen
die Leute, die die Stimme der Wale untersuchen, kämpfen; um
wie viel größer sind dann nicht die Probleme, wenn die Sänger
so klein sind wie die Wasserzikaden?

Reizt man die Männchen mit künstlichen Tönen, dann
findet man etwas Merkwürdiges. Reizt man mit reinen Tönen
von 2—10 kHz, dann antwortet das Männchen mit dem zirpenden

Laut, aber gibt man Töne von höherer Frequenz, etwa 20—40 kHz, die wir nicht hören können, dann antworten sie mit dem wetzenden Laut, den wir hören können. Wie das zusammenhängt, ahnen wir nicht, aber es ist sehr unwahrscheinlich, daß die Tympanalorgane die Frequenz selbst unterscheiden. Ein ähnliches ungelöstes Problem haben wir in den Tympanalorganen der Schmetterlinge, die merkwürdigerweise auch nur aus zwei Sinneszellen bestehen (siehe später).

Wenn wir es merkwürdig nennen, daß *Corixa* singen kann — sie ist doch 7—8 mm lang und hat Tracheenblasen im Kopf — dann ist der Gesang ihrer Verwandten *Micronecta minutissima* vollkommen rätselhaft. Sie ist nur 2 mm lang und ihr Gesangapparat, meint man, sei eine geriefte Fläche, der Striegel, an der Oberseite des Hinterleibes, die von einer der Parameren des männlichen Begattungsorganes „angeschlagen" wird. Und mit diesem Apparat kann *Micronecta* am Boden des Sees so laut singen, daß wir es in mehreren Metern Abstand von der Wasseroberfläche hören können. Hier fürchtet man beinahe, die physikalischen Gesetze seien mittlerweile aufgehoben.

Klopfgeister

Wir verlassen nun endlich, nach vielen Abstechern, die Stridulationsorgane, die ja vor allem den Insekten Mitteilungsmöglichkeiten „in die Hände" gegeben haben; und als die ersten anderen Stimmen können wir kurz solche besprechen, die wohl eigentlich keine Stimmen sind, aber doch durch Laute etwas mitteilen, nämlich die Klopfsignale. An und für sich gehört auch das Trommeln der Eichenschrecke, *Meconema*, hierher (s. S. 93), aber sonst ist die Gruppe schnell zu übersehen.

Da ist z.B. die Totenuhr. In alten Tagen, als die Häuser überwiegend Holzwerk waren, kannte sie jedermann, jetzt hört man sie seltener. Es handelt sich um Käfer der Gattungen *Anobium* und *Xestobium*, die das regelmäßige Tick-tack hervorbringen, das 7—8mal pro Sekunde gehört werden kann; sie leben in Gängen im Holz sowohl als Larven (Holzwürmer) als auch als Erwachsene, und diese sind es, die klopfen, indem sie nämlich ihre Stirn gegen die Wand des Ganges schlagen; sie heben den

Vorderleib und knallen dann den Kopf nach unten (Abb. 62). In stillen Nächten in den alten Höfen muß es durchdringend und unheimlich geklungen haben, daher der Name, als Vorzeichen bevorstehender Todesfälle. Man sagt, das Klopfen der Weibchen locke die Männchen heran, und man hat sogar einen Wechselgesang mit ihnen hervorrufen können (man klopfte mit einem Bleistift auf den Tisch); sie müssen also den Klopflaut wahrnehmen, wahrscheinlich durch die Unterlage; aber weiter weiß man auch nichts.

Merkwürdig ist, daß einige ganz andere, aber auch in Häusern lebende Insekten, nämlich die Staubläuse (*Atropos* u. a.), sich

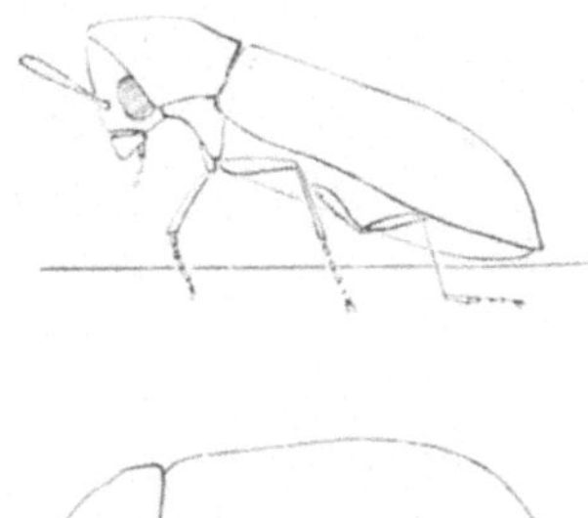

Abb. 62. So „tickt" die Totenuhr. Nach Gahan

desselben Tricks bedienen und auch Totenuhr genannt worden sind. Sie sind ganz weich, aber sie haben eine etwas härtere Platte an der Unterseite ganz nahe der Hinterleibspitze, mit der die Weibchen klopfen; etwa viermal pro Sekunde. Das ist alles, was man weiß, obwohl die Tiere sehr häufig sind.

Bei den Termiten spielen die Klopflaute eine soziale Rolle: wenn der Bau in irgendeiner Weise beschädigt wird, dann klopfen die Soldaten gewaltsam mit ihrem Kinn oder mit den großen Oberkiefern auf die Unterlage, und sofort wimmeln die Arbeiter von nah und fern hinzu, um beim Reparieren behilflich zu sein! Vielfach ist dies in der Natur beobachtet worden; nach Untersuchungen in Gefangenschaft (Howse, 1964) sind diese Klopflaute jedoch, jedenfalls bei *Zootermopsis angusticollis*, vorwiegend Warnsignale: „verstecke dich", die von Individuum zu Individuum weitergegeben werden.

Die glücklichen Zikaden

Warum sind nun die so glücklich? Hierüber sagt der Komödiendichter Xenarch im zweiten Jahrhundert vor Christus,

daß sie glücklich sein müssen, denn ihre Weiber sind stumm.
Das ist nicht sehr artig, und es ist auch nicht ganz richtig, obwohl
das mit den Weibern einen Kern von Wahrheit enthält; ob die
Zikaden glücklich sind, wissen wir nicht.

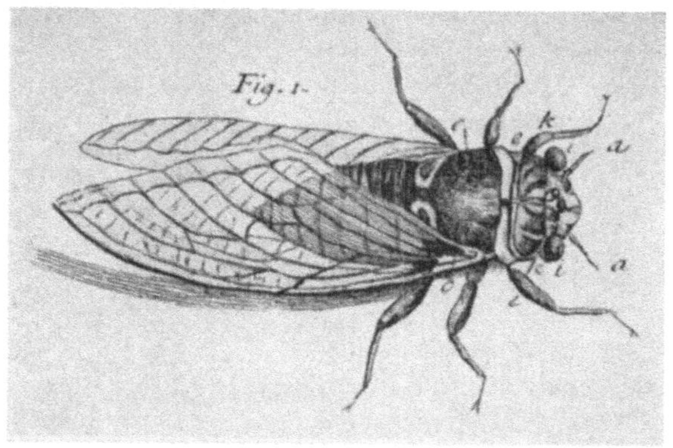

Abb. 63. Singzikade. Nach Réaumur 1745

Daß die Zikaden singen, hat man also seit Jahrtausenden gewußt; die Griechen des Altertums waren von dem Gesang be-
geistert. Der dänische Dichter und Naturforscher Vilh. Bergsöe
(Ende vorigen Jahrhunderts) zitiert u. a. die Ode Anakreons
an die Zikade: selbst Apollons Liebling bist du, denn er gab dir
Silberstimme! Selbst ist Bergsöe nüchterner, er „ist versucht,
Apollon einen Lobgesang zu widmen, weil er unsere dänischen
Buchenwälder von den italienischen Sängern verschont hat und
in seiner Gnade alle dänischen Zikaden — stumm wie die Fische
gemacht hat"! Was aber auch nicht richtig ist, wie wir später
sehen werden.

Auch wie sie singen, hat man lange gewußt, wenn auch nur
seit Jahrhunderten; der große französische Entomologe usw.
Réaumur beschrieb das in seinem sechsbändigen Werke „Mémoire
pour servir a l'histoire des insectes" in den 1740er Jahren. Seine
Beobachtungen sind so verblüffend gut, daß wir die Verhältnisse
mit seinen Bildern illustrieren wollen (Abb. 64). Doch geht die
allgemeine Übersicht vielleicht besser aus Abb. 65 hervor.

Spielorgan und Gehörorgan liegen so nahe aneinander, daß
sie gleichzeitig besprochen werden müssen; das Gehörorgan liegt
in der Tat der Trommel so nahe, daß ein besonderer Muskel
sein Trommelfell entspannen muß, sonst würde es zerplatzen

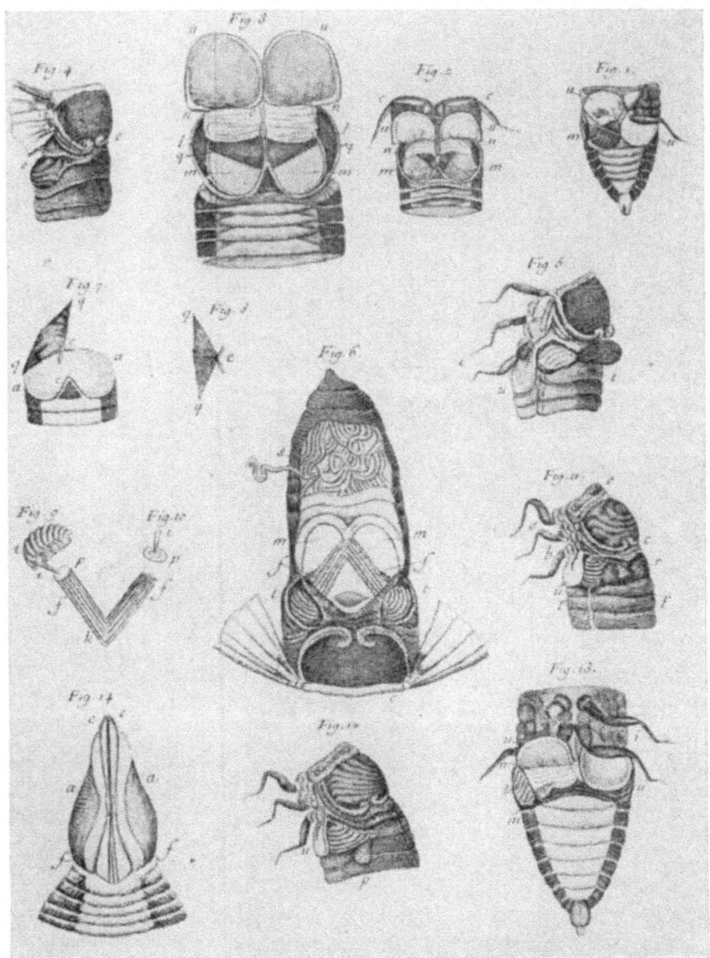

Abb. 64. RÉAUMURS verblüffend genaue Zeichnungen vom Spielapparat der
Zikaden. In den 1740er Jahren gezeichnet

von dem Lärm, den das Tier selbst macht! Abb. 13 bei Réaumur
zeigt das Zikadenmännchen von der Bauchseite, mit zwei mäch-
tigen Deckeln, den Opercula (u), die sowohl Spiel- als auch Hör-

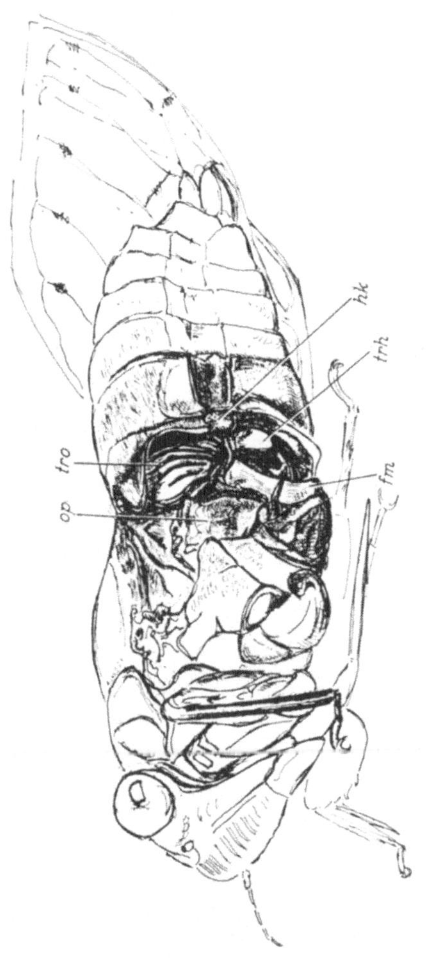

Abb. 65. *Tettigonia crni*, eine europäische Singzikade. Die Flügel und das Hinterbein der linken Seite sind entfernt, und das Operculum, das die Lautorgane verdeckt, ist abgeschnitten. fm die gefaltete Membran, hk die Hörkapsel, op das abgeschnittene Operculum, trh Trommelfell, tro Schallplatte. Von Henning Petersen gezeichnet

organ bedecken. Entfernt man den Deckel, die Beine und die
Flügel der einen Seite, dann erhält man das Bild von Abb. 65.
Oben gegen den Rücken zu eine etwas gewölbte Platte (tro) mit

einigen gebogenen Chitinrippen; das ist das Spielorgan, das Trommelorgan. Unten sieht man das Hörorgan, das ein typisches Tympanalorgan ist; trh ist das Trommelfell, ein wenig milchig und irisierend, die Franzosen haben es von alters her den Spiegel, miroir, genannt, m in den Zeichnungen Réaumurs. Gerade hinter dem Spiegel, aber etwas höher, sitzt die Hörkapsel, die die Sinnesstifte enthält, also das Chordotonalorgan selbst; und vor dem Spiegel sieht man noch eine, zwar nicht straffe Membran, die gefaltete Membran, fm in Abb. 65, n bei Réaumur.

Schneidet man das Tier hinter den Hinterhüften quer durch und blickt in den Hinterleib hinein (Abb. 66), dann sieht man eine V-förmige Chitinstruktur, ein Apodem, das das chitinöse V

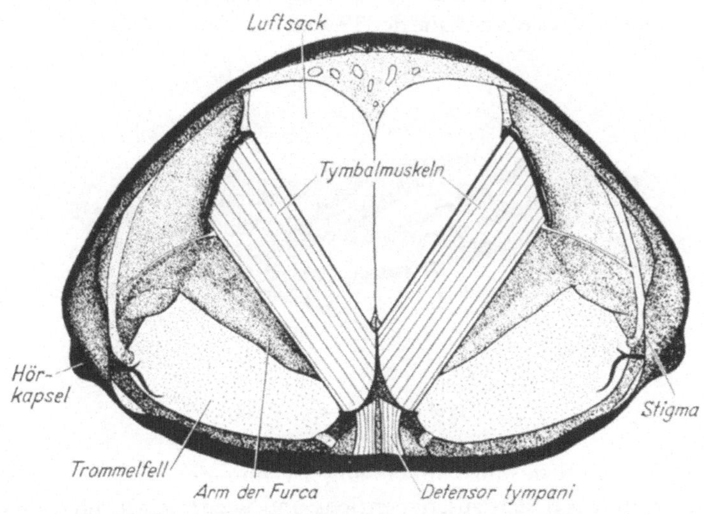

Abb. 66. Ein Blick von vorne in den Hinterleib einer Zikade mit dem kräftigen Tymbalmuskel. Nach Pringle

oder besser Furca genannt wird; es geht von der Bauchseite nach oben gegen eine die Schallplatte, die Chitinplatte des Trommelorgans, umgebende Kante. Von diesem V entspringt ein sehr kräftiger Muskel, der Tymbalmuskel, der an der oberen Ecke der Schallplatte angeheftet ist, gerade dort, wo die Rippen ausgehen. Der Muskel selbst endet in einer kleinen runden

Scheibe, und von dieser geht eine kräftige Sehne zur Schallplatte, wie schon RÉAUMUR es abgebildet hat (siehe seine Fig. 9
in Abb. 64).

Man streitet sich noch darüber, ob dieses ganze Organ der
Hinterbrust oder dem Hinterleib angehört; als letzte Hypothese
hat PRINGLE (1957) die Vermutung geäußert, die Trommel
gehöre der Rückenseite des ersten Hinterleibssegmentes, das
Hörorgan der Bauchseite des zweiten an. Wie dem auch sei, ist
es aber von großem Interesse zu notieren, daß das ganze Organ
an zwei sehr große Luftsäcke anstößt, Tracheen-Erweiterungen,
die sich durch die Stigmen der Hinterbrust nach außen öffnen.
Diese Luftsäcke dürften dem Laut Resonanz geben, und PRINGLE
(1954) hat die Resonanzfrequenz der Luftsäcke messen können und
gefunden, daß sie sehr nahe der Trägerfrequenz des Gesanges liegt.

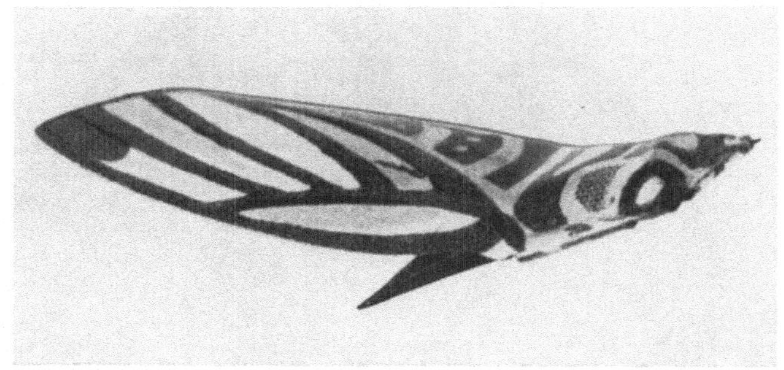

Abb. 67. „Cri-cri". Orig.

Der Mechanismus im Gesang ist nun der, daß der große
Tymbalmuskel sich zusammenzieht und wieder erschlafft, wobei
die Schallplatte nach innen eingebeult wird und wieder zurück-
schnellt; FABRE vergleicht das mit einem französischen, auch bei
uns vorkommenden Spielzeug cri-cri, einem kleinen Blechding,
das eine Art Klick von sich gibt, wenn man darauf drückt, und
ein anderes, wenn man losläßt. Abb. 67 zeigt ein solches, das ich
mal in einem Füllhorn bei einem Fest fand, noch dazu als eine
Art Zikade geformt! PRINGLE (1954) hat ein Oszillogramm von
einem solchen Drück-und-laß-gehen bei elektrischem Reiz gemacht (Abb. 68); bei EIN sind die Amplitude und die Zahl der

Schwingungen kleiner (die Dämpfung größer) als bei AUS.
Dies hat für die ceylonesische Zikade *Platypleura capitata* Gültigkeit, aber bei anderen ist es umgekehrt. Das hängt zu einem
gewissen Grade von einem Spannungsmuskel ab, der an die

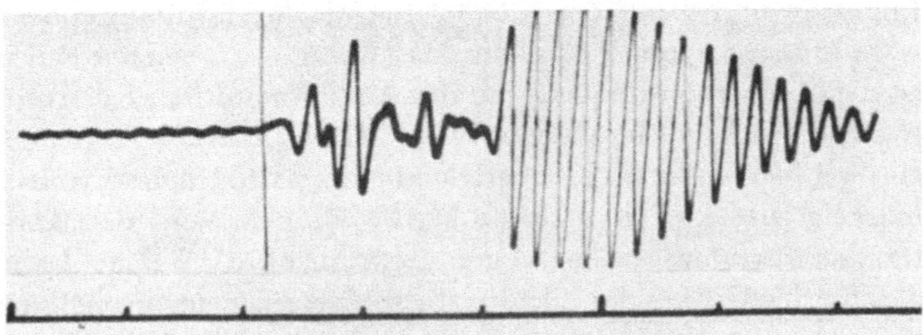

Abb. 68. Oszillogramm eines einzelnen EIN-AUS der Schallplatte einer
ceylonesischen Zikade. Zwischen den Strichen auf dem Maßstab unten je
eine Millisekunde. Nach PRINGLE

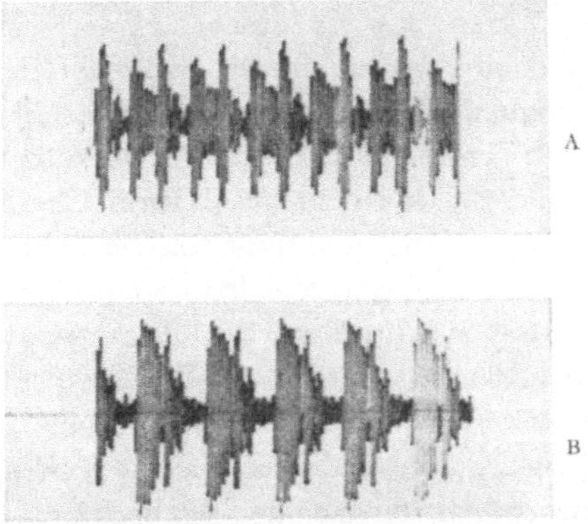

Abb. 69. Oszillogramme der EIN-AUS Klicks derselben Zikade, wenn der
die Schallplatte spannende Muskel schlaff ist (A) oder straff (B). Nach PRINGLE

Schallplatte geht und sie mehr oder weniger strammen kann;
bei *Platypleura* hat man ihn künstlich straffen können und dabei
gesehen, daß, wenn er schlaff ist, die Amplitude kleiner in den
Ein-Klicks als in den Aus-Klicks ist (Abb. 69 A), umgekehrt
verhält es sich, wenn er straff ist.

Also kommen wir auch hier zu dem Resultat, daß der Gesang aus Impuls-Modulationen besteht. Bei *Platypleura capitata* handelt es sich um eine Trägerfrequenz von 4400—4700 Hz moduliert mit 390 Hz, also mit 390 Aus- und Ein-Klicks pro Sekunde. Man nimmt an, die Trägerfrequenz sei die Resonanzfrequenz der Luftsäcke und damit der Schallplatte, die Modulationsfrequenz wäre hingegen vom Tymbalmuskel abhängig. In einigen Fällen ist die Modulationsfrequenz mit der Anzahl motorischer Nerven-impulse synchron, in anderen, wie z. B. bei *Platypleura*, löst ein einziger Nervenimpuls eine Serie von Kontraktionen des Tymbal-muskels aus (LESTON u. PRINGLE, 1963); man sagt, der Kon-traktionsrhythmus sei neurogen bzw. myogen. Welche Rolle dies für den Gesang der Zikaden spielt, abgesehen davon, daß sich die myogenen Muskeln mit einer weit höheren Frequenz als die neurogenen kontrahieren können, weiß man nicht; aber es ist wichtig, daß die zwei Trommelorgane gemeinsam funktionieren; wenn die Tiere müde sind, kann es geschehen, daß die Organe nicht synchronisiert sind.

Das Gehörorgan ist, wie gesagt, ein typisches Tympanal-organ, allein dadurch abweichend, daß das Chordotonalorgan weder am Trommelfell noch an der Tracheenblase sitzt (Tym-panalorgan und Trommelorgan stoßen an dieselben Tracheen-blasen an), sondern in einem besonderen Chitinauswuchs, der Gehörkapsel, liegt. Seine Funktionsweise ist sehr wenig bekannt, aber PRINGLE hat Aktionspotentiale im Gehörnerven nachweisen können, und zwar synchron mit dem Reiz, welcher der Gesang einer anderen Zikade war, bis auf 93 Impulse pro Sekunde; höhere Modulationsfrequenzen sind nicht untersucht worden.

Über die biologische Bedeutung des Zikadengesanges weiß man dagegen ziemlich viel nach den Beobachtungen von ALEXAN-DER u. MOORE (1958, 1962) über die 17jährigen Zikaden der Gattung *Magicicada*. Es sind große Zikaden mit einem merk-würdigen Lebenszyklus. Ihre Eier werden in Spalten in Bäumen abgelegt, die neugeschlüpften Larven fallen zur Erde, graben sich ein und leben dann 30—50 cm unter der Erdoberfläche. Dort saugen sie an Baumwurzeln. 17 Jahre später kommen sie wieder nach oben und verwandeln sich zu erwachsenen Zikaden. Das geschieht über große Gebiete gleichzeitig und in großen Mengen.

Zwei Arten mit einer solchen Lebensweise waren bekannt, *Magicicada septendecim* und *Magicicada cassini*; als ihr Gesang näher untersucht wurde, zeigte sich etwas sehr Unerwartetes.

Der Gesang der beiden Arten ist in Abb. 70 wiedergegeben. Jede Art hat drei verschiedene Gesänge. Oben ist der Spontangesang von *septendecim* abgebildet. Die Trägerfrequenz liegt zwischen 1000 Hz und 2000 Hz und fällt ein wenig gegen Ende. Sie wird 120—160mal pro Sekunde moduliert und klingt wie eine Art tremolo von 2—4 Sekunden Dauer, mit ein paar Sekunden Zwischenraum wiederholt. Nach wenigen solchen Strophen fliegt das Tier ein Stückchen, meistens nur einige wenige Zentimeter am Zweig, und singt dann wieder. Da die Zikaden immer in Schwärmen leben, große Mengen oder Gemeinden zusammen im selben Baum derart dicht beieinander, daß sie sich aneinander

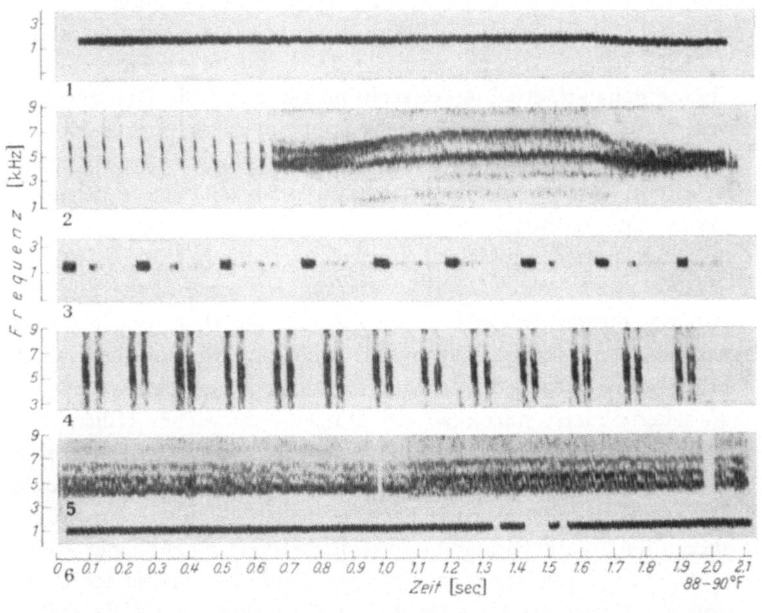

Abb. 70. Sonagramme vom Gesang zweier amerikanischer Zikaden *Magicicada septendecim* und *cassini*. 1 und 2: der Lockgesang, 3 und 4: der Paarungsgesang, 5 und 6: der Schreck- oder Warngesang. 1, 3 und 6 von *septendecim*, 2, 4 und 5 von *cassini*. Nach ALEXANDER u. MOORE

während des Gesanges stoßen (die Amerikaner sprechen deshalb von „the congregational song", dem Gemeindegesang!), so hört man nicht diese einzelnen Laute, sondern nur einen ewigen Chor, der einen in seiner Unermüdlichkeit verrückt machen kann. Er ist von Bedeutung, denn die Weibchen streben zu einem solchen Baum voll Zikaden hin, einsam singende Männchen interessieren sie weniger. Der Gesang erschallt besonders in den Morgenstunden und scheint von einer bestimmten Lichtstärke in Gang gesetzt zu werden.

Die 17jährige Zikade hat aber auch einen anderen Gesang, der in der dritten Reihe in Abb. 70 wiedergegeben ist. Er ist ein Werbegesang genannt worden, wird aber ein bißchen spät in der Werbung gesungen, nämlich erst wenn das Männchen tatsächlich auf das Weibchen geklettert und mit der Begattung in vollem Gange ist; er sollte also eher Paarungsgesang genannt werden. Er besteht aus einer Reihe kurzer Klicks, 4—5 pro Sekunde, von derselben Trägerfrequenz und Modulation wie der Spontangesang.

Ein dritter Gesang wird der Protestgesang oder Schreckgesang genannt, er ist in der sechsten Linie in Abb. 70 dargestellt und ähnelt in vieler Weise dem Spontangesang, nur ist er unrhythmisch und dann und wann unterbrochen. Gewissermaßen ist er ein Warngesang, den man hört, wenn man ein Individuum in die Hand nimmt; dann „singt" es den Protestgesang und augenblicklich stoppt der Gesang im ganzen Baum.

Die zweite Art, *Magicicada cassini*, hat einen ganz anderen Gesang, dessen Trägerfrequenz zwischen 4000 Hz und 6000 Hz liegt und mit 180—210 Impulsen pro Sekunde moduliert wird. Der Spontangesang dieser Art ist in der zweiten Linie (Abb. 70) zu sehen; zuerst hört man ein Dutzend schwacher Klicks von zusammen einer Sekunde Dauer, und dann einen Ton, der sich in der Tonhöhe hebt und wieder senkt, auch von einer Sekunde Dauer. Nach jeder solchen Strophe fliegen die Tiere ein Stückchen. Ihr „Werbegesang" (vierte Linie) besteht aus einer Reihe schwacher Doppelklicks in derselben Tonhöhe (Trägerfrequenz), und ihr Protestgesang (fünfte Linie) ist wie die zweite Hälfte des Spontangesanges, nur daß er nicht in Höhe steigt und fällt. Das Tier singt vorzugsweise nachmittags und abends, bevor die Dämmerung einsetzt.

Das Unerwartete war nun folgendes. Vor 100 Jahren fand man in südlichen Gegenden von Nord-Amerika eine Zikade, die *septendecim* sehr ähnlich ist, aber ihre Entwicklung nach 13 Jahren schon zu Ende bringt. Man nannte sie *tredecim*. Als ALEXANDER u. MOORE begannen, die Lebensweise dieser Art zu untersuchen in einem Jahre (1959), wo sie massenhaft aus der Erde tauchte, fanden sie, daß sie ganz wie *septendecim* sang, sowohl was den Charakter des Gesanges als auch was die bevorzugte Zeit des Tages betraf. Und noch mehr: sie fanden gleichzeitig eine zweite, bisher unbekannte Art, auch mit 13jährigem Lebenszyklus, die in Aussehen und Gesang der *cassini* ähnlich war. Ja, sie fanden noch eine weitere Art, deren Spontangesang abweichend ist, kurze unterbrochene tremoli oder ein Summen von 6000 Hz, aber schwächer als bei *cassini*; auch der Werbegesang ist abweichend, und sie zieht vor, mitten am Tage zu singen, wo die beiden anderen Arten schweigen. Und dann dachten sie sich: so'ne Art muß auch unter *septendecim* zu finden sein, suchten sie nach dem Gesange und fanden sie. Es finden sich also zweimal drei Arten, die in Gesang und Lebensweise verschieden sind, wo aber die zwei eines Paares nur durch die Dauer der Entwicklung zu unterscheiden sind, und dann nach dem Vorkommen, denn wenn auch die nördlichsten 13jährigen nördlicher leben als die südlichsten 17jährigen, so ist es doch sehr selten, daß sie zusammen vorkommen — und man bedenke ferner, daß wegen des Unterschiedes in der Entwicklungsdauer sie sich nur alle 221 Jahre begegnen können!

Diese Untersuchungen der sogenannten periodischen Zikaden haben nun zweierlei gezeigt. Erstens, daß man neue und bisher unbekannte Arten allein nach dem Gesang finden kann; geht man näher darauf ein, zeigt es sich, daß diese neuen Arten nicht allein im Gesange, sondern auch in der Lebensweise von den bekannten Arten verschieden sind; und untersucht man dann genauer ihren strukturellen Aufbau, findet man auch bisher übersehene, morphologische Verschiedenheiten. ALEXANDER und seine Mitarbeiter haben in dieser Weise die Systematik verschiedener Grillen-Gruppen aufgeklärt.

Und zweitens, daß auch bei Zikaden verschiedene Gesänge bei derselben Art in verschiedenen Situationen vorkommen.

Weiter ist man aber dann auch nicht gekommen; man hat über die Singzikaden lange nicht das Wissen, das man von der anderen großen Sängergruppe, den Orthopteren, hat, und *eine* Ursache dafür ist die, daß sie sich sehr schwierig in Käfigen halten lassen. Man kann sie in „Freiland-Käfigen" studieren dadurch, daß man ihre Bäume mit Gaze umgibt (Abb. 71); das aber begrenzt die Möglichkeiten der Beobachtung weitgehend.

Abb. 71. Die großen Singzikaden können nur schwer in Käfigen gehalten werden, dagegen kann man ihre Bäume mit Gaze umgeben und sie darin beobachten. Nach ALEXANDER u. MOORE

Dies alles hat ja von den großen Singzikaden gehandelt, der Familie *Cicadidae*, die wie gesagt schon in Südeuropa vorkommen; sie waren es, über die FABRE seine wunderbaren Beobachtungen machte, und sie waren es, die er als taub betrachtete: sie schreie wie ein Tauber, sagte er. Eine Art kommt auch in Deutschland und England vor, ja ist sogar bei Stockholm gefunden worden, *Cicadetta montana*.

Solche Sänger haben wir nicht; aber der Schwede OSSIANNILSSON zeigte im Jahre 1949, daß man, falls man nur in der rechten Weise seine Untersuchungen vornähme, Gesang bei allen unseren einheimischen Arten fände. Sein Buch darüber, dem er den wunderbaren Titel „Insect Drummers" gab (Abb. 72), ist mit vollem Recht als klassisch bezeichnet worden, obwohl er noch nicht die feinen Oszilloskope hatte wie sie heute zur Verfügung stehen.

Er untersuchte morphologisch gegen 80 Arten der kleinen Zikaden, von allen Familien; und bei allen fand er ein Trommelorgan wie bei den großen Singzikaden. Prinzipiell ist es in derselben Weise aufgebaut, aber in Einzelheiten können große Unterschiede vorkommen, z.B. ist der große Tymbalmuskel nicht immer vorhanden, andere Muskeln können seine Rolle übernehmen; oft ist der Mechanismus überhaupt nicht klar. Und OSSIANNILSSON hat auch den Gesang der einzelnen Arten aufgezeichnet, teils in Worten, wo er sich im Gespräch mit seinen kleinen Freunden fühlt — so spricht er zum Beispiel vom Lachgesang der Schaumzikade — teils in regelrechten Noten. Und zuletzt auch mit Tusche auf einem Papierstreifen, was sich mit Katoden-Oszillogrammen vergleichen läßt. Übrigens sagt er aber, daß er den Gesang bei allen unseren nordischen Zikaden einfach dadurch gehört habe, daß er sie in einem Glasröhrchen, 1 $\times$ 8 cm, unterbrachte und dann das offene Ende des Röhrchens ins Ohr steckte. Dies habe ich selbst mit der ungeheuer häufigen Schaumzikade *Aphrophora alni* versucht; der Gesang des Männchens war sehr deutlich, eine unendliche Reihe von Klicks, die sich leicht auf Band aufnehmen und für alle hörbar

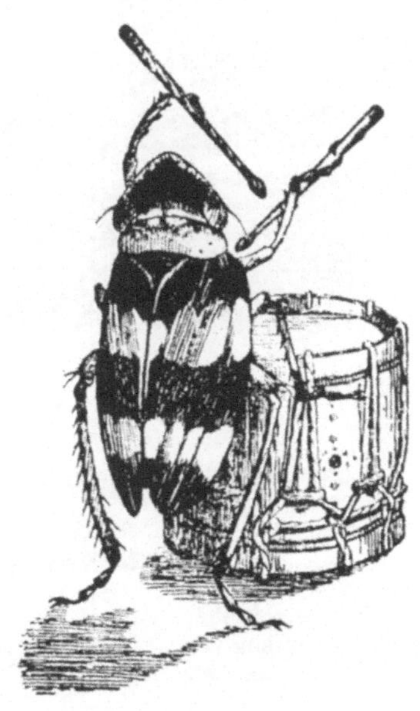

Abb. 72. „Insect drummers"! Nach OSSIANNILSSON

wiedergeben ließen. Die Weibchen dagegen blieben stumm.

OSSIANNILSSON konnte schon 1949 bei mehreren seiner Arten einen Spontangesang, einen Werbegesang und sogar einen Wechselgesang unterscheiden. HILDEGARD STRÜBING hat in der jüngsten Zeit die Untersuchungen über Kleinzikaden fortgesetzt und deren Gesang auf Oszillogrammen aufgezeichnet. In Abb. 74 ist der Gesang von *Calligypona lugubrina*, einer nur wenige Millimeter langen, auf Wiesen vorkommenden Zikade (Abb. 73), dargestellt. Wenn man Männchen und Weibchen, die isoliert aufgewachsen sind, zusammensetzt, dann sieht man sie zitternde

Abb. 73. Die Kleinzikade *Calligypona lugubrina*. Nach HILDEGARD STRÜBING

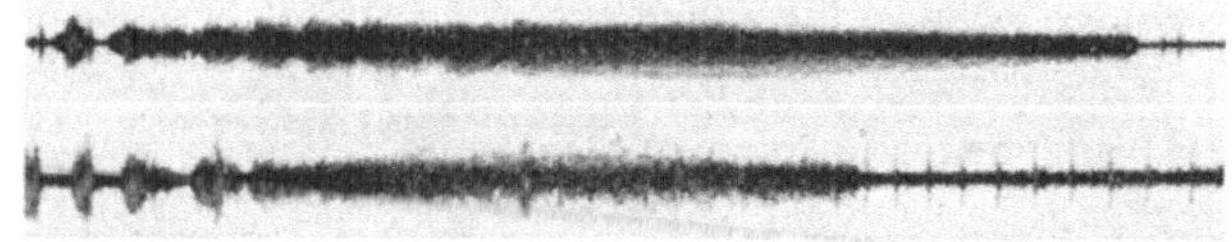

Abb. 74. Gesang von *Calligypona lugubrina*. Oben Lockgesang des Männchens, unten Wechselgesang. Nach HILDEGARD STRÜBING

Bewegungen mit dem Hinterleib ausführen, und bringt man einen Verstärker hinzu, dann kann man die Laute hören, für die das Zittern der äußere Ausdruck ist. Es zeigt sich, daß das Männchen einen Spontangesang (Lockgesang) singt (Abb. 74, oben), aus einigen „gog"-artigen Lauten und danach einem langgezogenen Ton bestehend. Wenn das Weibchen ihm antwortet (mit einigen kurzen Stößen, rechts unten in Abb. 74), dann beginnt er sein Suchen, macht dann und wann Halt, um zu lauschen, und sucht wieder weiter, bis er sie findet. Dann erweitert er den Gesang mit einigen erregten „Klacks" (zwei werden oben rechts in Abb. 74 gezeigt), und die Begattung geht vor sich. Das heißt also: es gibt einen Spontan- oder Lockgesang, einen Wechselgesang und einen Werbegesang, wie wir es bei *Chorthippus brunneus*, der Feldheuschrecke, schon sahen. Und HILDEGARD STRÜBING hat Abwehrlaute, Notschreie, Erregungsgesang und anderes mehr bei den Kleinzikaden nachweisen können (bisher aber keinen Rivalengesang); und sie hat auch gefunden, daß jede Art ihren bestimmten Gesang hat und sich nicht von den Gesängen anderer Arten täuschen läßt. Ja, selbst wenn die Männchen zweier Arten fast ähnliche Gesänge haben, wodurch die Weibchen in der Tat getäuscht werden, dann ist der Weibchengesang so verschieden, daß es dennoch zu keiner Artbastardierung kommt (1965). Sogar eine Art Entwicklungslinie im Gesang der einzelnen Arten hat sie gefunden, die mit der Verwandtschaft, wie wir sie auf morphologischer Basis gegründet haben, recht schön übereinstimmt.

Aber eine große Merkwürdigkeit muß bei alldem verzeichnet werden: es ist trotz eifrigen Suchens nie gelungen, auch nur die geringste Spur von Hörorganen bei den Kleinzikaden zu finden, weder bei Männchen noch Weibchen. Daß sie hören können, zeigt ja schon der eben erwähnte Wechselgesang; da man aber keine Hörorgane finden kann, hat man sich vorgestellt, daß sie die Vibrationen in der Unterlage vermerken, so wie die Orthopteren dies mit dem Subgenualorgan machen. Aber HILDEGARD STRÜBING erzählt (1965), daß die Weibchen auch ansprechen, wenn das Männchen am Boden sitzt und ruft, und das Weibchen sogar am Rande des Mikrophones! PRINGLE hat zwar gezeigt (1957, 1963), daß sie Chordotonalorgane haben können, an derselben Stelle wie die Singzikaden, aber ohne Trommelfell, und auch er meint deshalb, daß sie nur Schwingungen in der Unterlage auffassen, also nicht „hören" können — aber warum sitzen dann diese Organe genau an derselben Stelle wie die richtigen Hörorgane? — Wir wissen lange nicht genug von den glücklichen Zikaden!

Der Totenkopf und die Laute im Bienenstock

Eine merkwürdige Kombination, wird man finden. Und doch. Erstens sprechen wir ja nicht von dem aus „Hamlet" symbolisch bekannten Yorickschen Kranium, sondern von dem Schmetterling, der an seiner Rückenseite ein Bildnis des Symbols der Vergänglichkeit trägt. Und zweitens haben eben dieser Schmetterling und, wie man bis vor kurzem glaubte, die Bienen, als die wahrscheinlich einzigen Insekten dieselbe Singweise „erfunden", wie wir Menschen — mutatis mutandis! Daß wohl noch ein weiterer Berührungspunkt vorhanden wäre, soll ganz zuletzt erwähnt werden.

Der Totenkopf, *Acherontia atropos*, ist ein schwerer und schwerfälliger Langstreckenflieger, der immer beim Finder erregte Begeisterung erweckt. Wie bei allen Schmetterlingen sind die Mundteile zu einem Rüssel umgebildet — wie, brauchen wir hier nicht näher zu erklären. Das Ergebnis ist jedenfalls, daß eine Art geschlossenen Raumes vom Schlund bis zur Spitze des Rüssels vorhanden ist, der deshalb als Saugrohr verwendbar ist. Der Schlund kann durch Muskeln erweitert und wieder zusammengezogen werden. Der Rüssel kann kürzer oder länger sein; bei den Schmetterlingen, den Schwärmern, zu denen der Totenkopf gehört, kann er enorm lang sein, mehr als doppelt so lang wie der Rumpf.

Was hat nun dies alles mit dem „Gesang" zu tun? Es hat im höchsten Grade damit zu tun, denn durch den Rüssel stößt der Schmetterling seinen Laut aus, oder eher sein Geschrei, da die Lautstärke, wenn auch in einem Abstand von wenigen Zentimetern, 65 db beträgt, d. h. von derselben Größenordnung ist wie der Lärm in einer Großstadt. Ein Längsschnitt durch den Kopf gibt ein Bild wie Abb. 75 es zeigt. Die Schlund-Muskeln sind nur angedeutet, aber es ist leicht zu verstehen, daß durch ihre Zusammenziehung die Luft von der Rüsselspitze eingesaugt wird; wenn sie erschlaffen und die Ringmuskeln sich zusammenziehen, wird die Luft durch den Rüssel wieder ausgestoßen. Noch ein kleines Element spielt bei der Stimme eine Rolle, ein kleiner Chitinteil, der im Hohlraum gerade am Grunde des Rüssels sitzt, eine Art Lappen, der von der Decke herabhängt. Das ist

122

der Epipharynx, und er ist derartig beweglich aufgehängt, daß er den Kanal durch den Rüssel schließen oder öffnen kann. Was geschieht, ist folgendes.

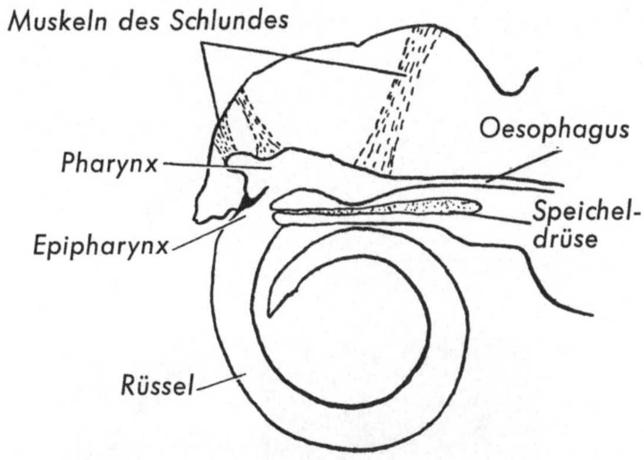

Abb. 75. Längsschnitt durch den Kopf des Totenkopf-Schwärmers. Die Luft wird durch den Rüssel eingesogen und ausgestoßen, der Epipharynx moduliert den Ton beim Einsaugen. Nach Haskell aus Prell

Beim Einsaugen tritt der Epipharynx in Funktion und moduliert den Ton, der durch das Einsaugen erzeugt wird. Die Höhe dieses Tones liegt zwischen 6000 und 8000 Hz, wie das Sonagramm an der linken Seite der Abb. 76 zeigt, aber diese Trägerfrequenz wird von Epipharynx mit ungefähr 280 Impulsen pro Sekunde moduliert, wie aus dem Oszillogramm unten in der Abbildung hervorgeht. Die Abbildung ist ein schönes Beispiel dafür, was die Sonagramme bzw. Oszillogramme leisten können. Da der ganze Laut ungefähr $^1/_6$ Sekunde dauert (160 ms), umfaßt er also nur 40—50 Impulse. Unmittelbar danach wird die Luft wieder ausgestoßen; aber diesmal bleibt der Epipharynx ruhig, und ein gleichmäßiger Luftstrom resultiert, ein Pfeifen, mit derselben Frequenz wie der Einsauge-Laut, aber nicht moduliert. Dieser Teil des Lautes dauert höchstens $^1/_{16}$ Sekunde (60 ms).

Die Stimme ist also ein recht tiefer, modulierter Ton, von einem kürzeren, höheren, wahrscheinlich unmodulierten Ton gefolgt; und dieses Geschrei, oder wie man es nennen will, gibt der Schmetterling von sich, wenn man ihn anrührt; aber man hat ihn auch ganz von selbst schreien gehört. Warum er das tut, weiß man nicht; man hat selbstverständlich gesagt, es wäre, um den Feinden einen Schreck einzujagen; aber man hat es auch mit einem schlimmen „Laster" des Totenkopfes in Verbindung gesetzt, dem nämlich, den Honig nicht in den Blumen zu suchen, sondern

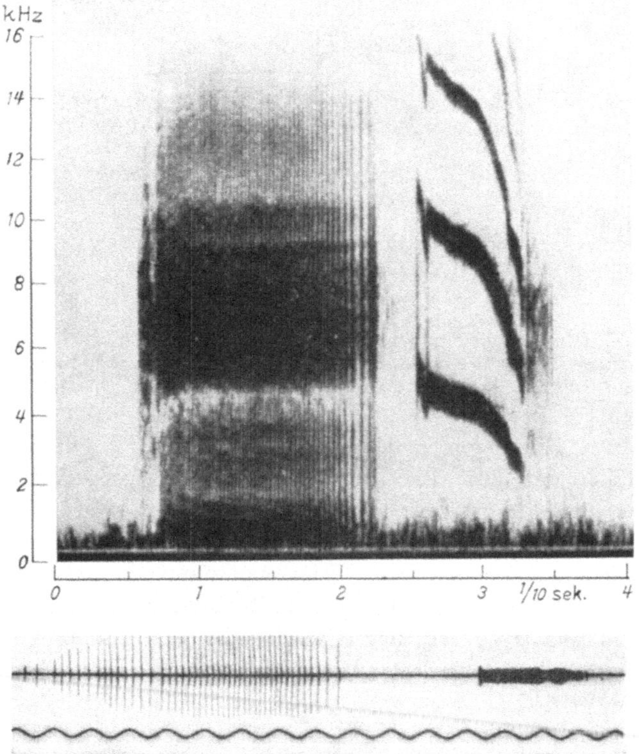

Abb. 76. Die Stimme des Totenkopfes. Oben ein Sonagramm, unten ein Oszillogramm. Links das Einsaugen, rechts das Ausstoßen. Nach BUSNEL u. DUMORTIER

in dem Bienenstock, wenn die Bienen ihn schon gesammelt haben! Und das ist die Ursache, warum wir jetzt die akustischen Verhältnisse in einem Bienenstock etwas näher ins Auge fassen müssen.

124

Es zeigt sich nämlich, daß vielerlei Lärm in einem Bienenstock vorhanden ist, und das hat der Imker lange gewußt. Sowohl die Arbeiterinnen als auch die Königinnen können Laute abgeben.

Die Bienenkönigin kann zwei Laute abgeben, ein „Tüten" und ein „Quaken". WENNER (1962) hat sie aufgezeichnet; das Tüten besteht aus einem längeren Ton von etwa 435 Hz (1 bis 2 Sekunden), von einem kürzeren gefolgt; das Quaken dagegen aus einigen kürzeren Tönen, bisweilen von einem längeren gefolgt; es liegt ein wenig tiefer, etwa 325 Hz. Nun ist es ja so, daß nie mehr als eine Königin in einem Bienenstock sein darf. Falls

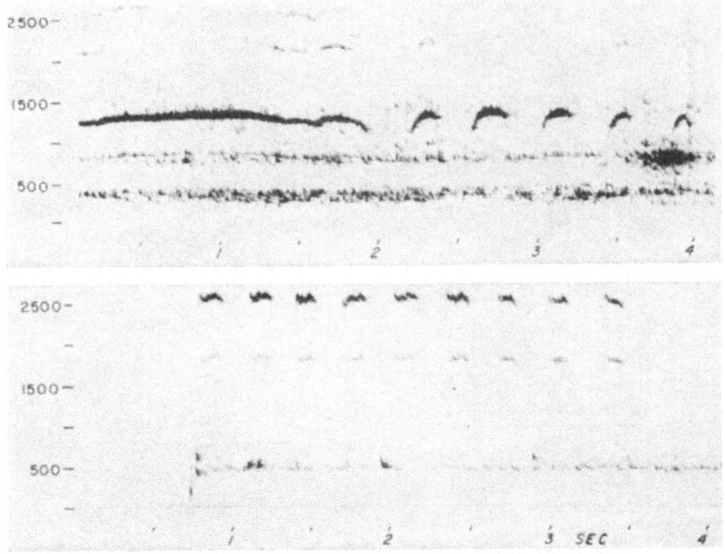

Abb. 77. Sonagramme der Stimmen der Bienenkönigin. Oben „Tüten", unten „Quaken". Nach WENNER

die alte Königin stirbt oder den Stock verläßt, züchten die Arbeiter andere Königinnen; die erste von ihnen, die aus ihrer Zelle herauskommt, beginnt das Tüten. Die anderen Königinnen bleiben dann in ihren Zellen und „singen" den Quak-Gesang. Dieser Wechselgesang kann sehr lange anhalten. Man hat auch mit künstlich wiedergegebenem „Tüten" und „Quaken" Antworten erhalten können, aber es scheint, daß dabei vom Gesprächspartner nicht unter Quaken und Tüten unterschieden wird. Tatsächlich ist die Bedeutung der zwei „Gesänge" immer noch ziemlich dunkel.

Auch die Arbeiterinnen können, wie gesagt, singen. Sie können einen Laut von sich geben, wenn sie den Stock ventilieren, oder wenn sie beunruhigt werden — dann antworten die übrigen mit einem höheren Gesang — aber vor allem singen sie während ihrer Tänze. Bekanntlich gibt eine Arbeiterin, die etwas Futter

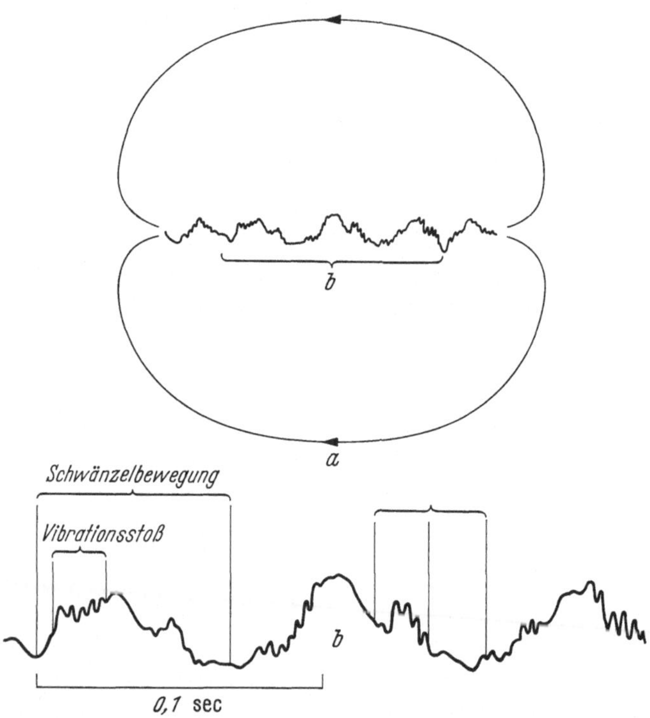

Abb. 78. Der Tanz der Arbeiterbiene. Wenn sie die gerade Mittellinie passiert, wackelt sie mit dem Hinterleib und gibt gleichzeitig einen Ton von sich, wie die untere Abbildung zeigt. Nach Esch

gefunden hat, durch einen Tanz (Abb. 78) ihren Kameraden Mitteilung über wo, was und wieviel; wenn die gerade Mittellinie passiert wird, schlägt sie rhythmisch mit dem ganzen Körper

126

aus und schüttelt die Flügel: das Schwänzeln. Es hat sich nun gezeigt, daß sie dabei auch „singt", einen Ton mit einer Frequenz von etwa 250 Hz abgibt, doch nur ganz wenige Vibrationen bei jeder Passage der Mittellinie.

Die Bedeutung dieser Töne ist noch ungeklärt; direkt scheinen sie weder mit der Ergiebigkeit der Futterquelle noch mit dem Abstand in Verbindung zu stehen. Es ist möglich, aber nicht bewiesen, daß die Anzahl der Vibrationsstöße mit der Güte des Futters zusammenhängt (ESCH, 1963); es ist aber interessant, daß die stachellosen Bienen aus Südamerika, *Mellipona* u. a., die keine Tänze haben, sich durch ebensolche Vibrationsstöße verständigen, nämlich durch impulsmodulierte, bei verschiedenen Arten verschiedene Trägerfrequenzen, und daß sie dadurch den Abstand zur Futterquelle mitteilen.

Es gibt noch eine dritte Möglichkeit. Die Schwänzelzeit, d. h. die Dauer eines Durchlaufes der geraden Strecke, ist nämlich von der Entfernung zur Futterquelle abhängig; und da die Dauer der Lautproduktion genau der Dauer des Schwänzellaufes entspricht, wird durch diese „Betonung" der Schwänzelstrecke deren Zeitdauer schärfer hervorgehoben (v. FRISCH, 1965).

Aber wie wird die Mitteilung abgegeben, wie kommt überhaupt der Gesang zustande? Darüber hat man sich bis vor kurzem recht inniglich gestritten. Daß die Flügel dabei eine Rolle spielen, wußte schon HUBER vor mehr als 150 Jahren, der geniale, aber blinde Schweizer, der die Biologie der Bienen in der Weise studierte, daß er nach den Beobachtungen seines Dieners diesem sagte, was demnächst zu beobachten wäre, was demnächst von Bedeutung sei, und dann die Berichte des Dieners im Gehirn verarbeitete. Er „sah", daß die Bienen beim Gesang die Flügel bewegten, wenn auch nur so weit, daß sie undeutlich wurden. Daß die Flügelbewegungen nicht genügend starke Luftschwingungen hervorrufen konnten, war klar, und WOODS (1959) glaubte deshalb, die Flügel*muskeln* könnten durch die Stigmen einen von den Luftsäcken ausströmenden Luftstrom modulieren. WENNER (1964) stellte fest, daß doch die Flügel selbst verantwortlich wären, denn wenn er ein Stück von den Flügeln wegschnitt, wurde der Laut höher, aber schwächer. Erst SIMPSON (1964) machte das richtige Experiment, indem er alle Stigmen bis auf ein einziges zustopfte; das Tüten setzte dennoch unbehindert fort. Die Lösung war dann die, daß die Bienen nicht direkt Luftschwingungen verursachen, sondern mit den Brustwänden, die von den Flügelmuskeln zum Vibrieren gebracht werden, die Unterlage, an die sie sich während des Tütens drücken, zum Mitschwingen bringen.

Aber, wird man fragen, hören die Bienen nun selbst etwas von diesem ganzen Lärm? Das müssen sie, denn sie reagieren ja; aber tatsächlich „hören" sie nichts, sie fassen Vibrationen in der Unterlage auf. Dafür hat FRANKLIN D. LITTLE (1962) den endgültigen Beweis in einer ideenreichen Weise geführt. Es war schon lange bekannt, daß die Bienen auf Schall mit plötzlichem Stillstehen reagieren. Er brachte deshalb auf dem kleinen Flugbrett vor dem Stock ein dünnes Stück Karton an, in Verlängerung von einem flachen Stein. Wenn er jetzt einen starken Laut gegen den Stock schickte, dann geriet der Karton in Schwingungen, nicht aber der Stein. Und was geschah? Alle Bienen auf dem Karton machten plötzlich Halt, wogegen diejenigen auf dem Steine unangefochten herumbastelten. Übrigens gebrauchte er diesen Trick, wenn er im Stock arbeiten wollte: er reizte den Bienenstock mit starkem Schall; aller Bienenverkehr hörte auf, und er wurde nicht gestochen!

LITTLE zeigte auch, daß die Bienen mit dem Subgenualorgan „hören"; ob auch die Antennen dabei eine Rolle spielen (durch das Johnstonsche Organ, siehe S. 132) ist ungeklärt.

Und jetzt wenden wir uns wieder dem Totenkopf zu. Man wird sich erinnern, daß sein Geschrei eine Trägerfrequenz von 6000—8000 Hz hatte und der Einsaugelaut eine Modulationsfrequenz von etwa 280 Hz. Der Warngesang der Bienenarbeiterinnen war aber etwa 250 Hz, und LITTLE hat nachgewiesen, daß die erwähnte Steh-still-Reaktion bei Frequenzen von 500—1200 Hz bei allen Bienen eintritt, bei 200—4000 Hz bei wenigstens der Hälfte. Kann man sich denken, daß der Totenkopf die Bienen zum Stillstehen bringt, wenn er zum Stock kommt? Ja, man kann sich alles denken, aber das genügt nicht. Und wenn der Totenkopf saugt, kann er ja nicht erschrecken. Aber es ist eigentümlich, daß der Totenkopf, *Acherontia atropos*, die einzige *Acherontia*-Art ist, die schreit — und die einzige, die bei den Bienen lebt.

Was hört ein Mückenmännchen?

Zuerst, was hören wir selbst, wenn die Insekten uns um die Ohren fliegen? Die meisten Menschen dürften wohl hören können, ob es eine Fliege oder eine Mücke ist, die summt; aber können wir hören, ob es eine Hornisse, eine Hummel oder eine gewöhnliche Honigbiene ist? Das hängt von unserem Ohr ab, denn tatsächlich ist die Tonhöhe ziemlich konstant oder fast immer außerordentlich konstant bei den verschiedenen Insekten. Man kann die Tonhöhe mit dem Oszilloskop usw. messen, und man kann den Flug photographieren und dadurch die Flügelschläge zählen; in allen Fällen hat es sich dadurch gezeigt, daß die Tonhöhe der Anzahl der Flügelschläge pro Sekunde entspricht, obschon der Flügelschlag lange keine reguläre Sinuskurve darstellt, sondern mehr oder weniger verwickelt 8förmig ist. Gehört man zu den wenigen Erwählten, die absolutes Gehör haben, dieses Mystische, das erlaubt, unmittelbar den gehörten Ton zu definieren, dann kann man einfach in der Natur herumgehen und die Flugtöne der verschiedenen Insekten niederschreiben, ohne sie sonst zu stören. Aber außer absolutem Gehör ist eine gute musikalische Übung erforderlich.

Der finnische Entomologe Sotavalta hat beides; und er ist der erste, der es dazu benutzt hat, die Flugtöne einer langen Reihe von Insekten anzugeben (1947). Im Jahre 1963 hat er die anschauliche Abbildung der Flugtöne in gewöhnlicher musikalischer Weise notiert, von einer kleinen Auswahl häufiger Insekten gegeben, die hier als Abb. 79 wiedergegeben ist. Es ist deutlich zu sehen, daß große, plumpe Insekten tiefe Flugtöne haben, kleinere, leichte, elegante Flieger dagegen hohe Töne, wie zu erwarten war. Es ist von Interesse zu bemerken, daß der Flugton der Honigbiene auf etwa 250 Hz liegt, gerade der Frequenz, die die Arbeiterinnen während des Tanzes abgeben (siehe oben S. 126).

Die Flügelbewegungen rühren — in verschiedener Weise — von der Brustmuskulatur her. Es hat sich gezeigt, daß bei den schweren Insekten mit verhältnismäßig wenigen Flügelschlägen pro Sekunde jeder Flügelschlag nach einem Nervenimpuls folgt, die Bewegung ist neurogen. Bei den kleinen Insekten mit vielen Flügelschlägen ist sie aber myogen, wie wir es oben in Verbindung

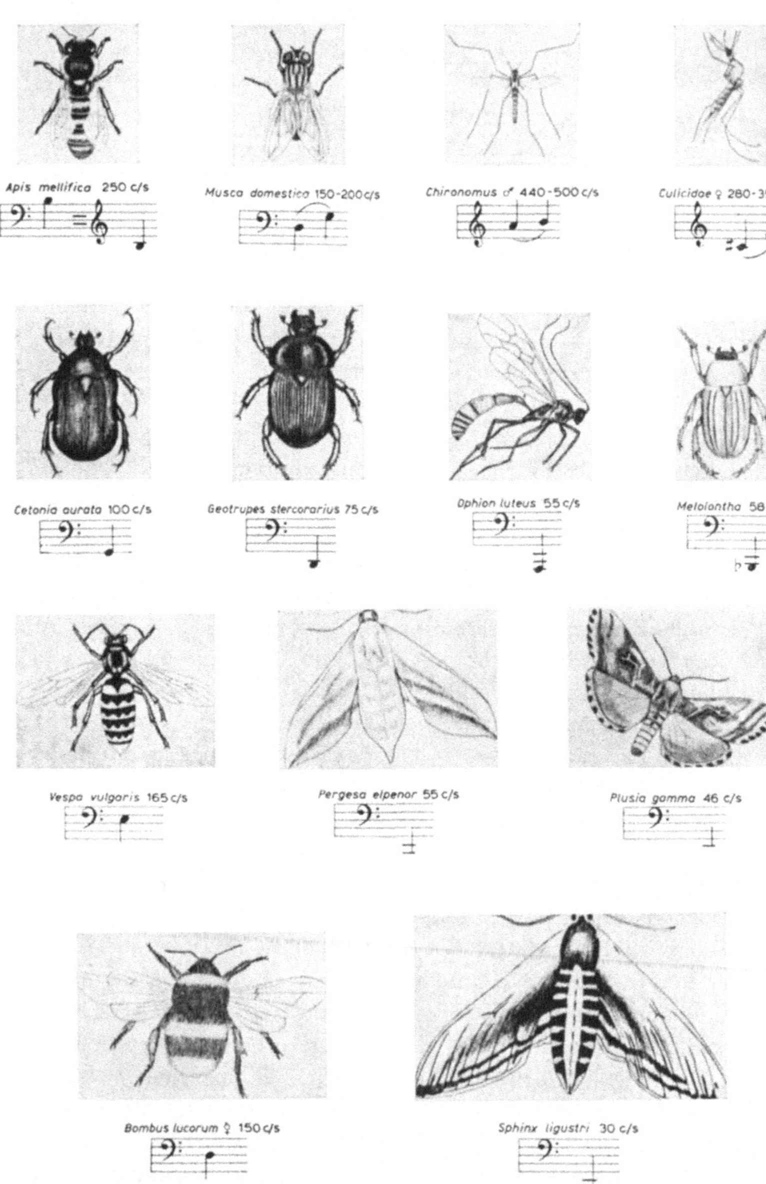

Abb. 79. Der Flugton verschiedener Insekten. Nach SOTAVALTA in BUSNEL: „Acoustic Behaviour of Animals"

130

mit dem Tymbalmuskel der Zikaden erwähnten (siehe S. 114). Übrigens kann im Vorbeigehen gesagt werden, daß die höchste bisher registrierte Flügelschlag-Frequenz künstlich beim Beschneiden der Flügel einer Tanzmücke der Gattung *Forcipomyia* erzielt wurde (SOTAVALTA, 1953); sie betrug 2218 Schläge pro Sekunde. Da die Flügelschläge Muskelbewegungen sind, sind sie natürlich von der Temperatur abhängig; SOTAVALTA kann sagen, wie heiß es ist, wenn er nur eine Mücke schwärmen hört!

Und dabei kommen wir zu den Stechmücken, die das einzige eingehender untersuchte Beispiel von einer biologischen Bedeutung des Flugtones darbieten. Die wenigen Fälle von sogenannter auditiver Mimikry, wie z.B. die Schmeißfliege *Eristalis tenax*, die einer Honigbiene etwas ähnlich sieht und auch denselben Flugton hat, sind biologisch nicht genügend unterbaut. Dagegen hat man kürzlich bei verschiedenen Fliegen eine Art Werbegesang beobachtet, mit den Flügeln hervorgebracht, aber verschieden von dem gewöhnlichen Flugton (FERON u. ANDRIEU bei der Bandfliege *Dacus oleae*). Oder von der Brustmuskulatur hervorgerufen, auf dem Wege über die Beine zur Unterlage verstärkt (vgl. oben beim Bienengesang); das wurde bei den Taufliegen, *Drosophila*, beobachtet, wo der Ton sogar bei verschiedenen Arten verschieden ist (WALDRON, 1964). — Aber wir kamen wieder von den Stechmücken ab.

Wir kennen alle den Unterschied zwischen Männchen und Weibchen einer Stechmücke, daß die Fühler beim Männchen gewaltige Pinsel sind, beim Weibchen nur dünne Fäden. Wir sehen die Männchen in großen Mengen schwärmen, und die Weibchen kommen einzeln und still und stechen uns. Und doch nicht immer ganz still; oft hören wir einen irritierenden Summton, der uns warnt vor dem, was jetzt kommt. Auch die Männchen hören diesen Summton, aber für sie hat er den entgegengesetzten Valeur: sie werden davon angezogen. Wie geht das vor sich?

Erstens müssen die Männchen ja ein Gehörorgan haben, und das haben sie auch, aber ganz verschieden von den bisher besprochenen. Die erwähnten langen Haare an den Fühlern spielen da eine Rolle; aber das Gehörorgan selbst sitzt im 2. Fühlerglied, das bei den Männchen besonders groß und fast kugelrund ist.

Das Glied wird Pedicellus genannt und das Gehörorgan das Johnstonsche Organ. Es ist recht kompliziert gebaut, wie die vier Bilder in Abb. 80 zeigen. Es ist ein Chordotonalorgan, aber kein Tympanalorgan, denn ein Trommelfell fehlt. Es ist zwar bei fast allen Insekten zu finden, aber am schönsten entwickelt bei den Mückenmännchen, und nur hier wissen wir mit Sicherheit, daß es als Hörorgan fungiert.

Die Fühlerglieder außen vom Pedicellus bilden die sogenannte Geißel, das sind die Glieder mit dem Haarpinsel, und ihr Innerstes ist zu einer sogenannten Fußplatte entwickelt, von dem Pedicellus wie von einer Kugelschale umgeben. Und in dieser Kugelschale liegen dann die Sinneszellen, mit einem Sinnesstift gegen die Mitte zu, den Zellkernen gegen die Peripherie, und den Nervenfasern, die sich von dort am Grund des Gliedes zum eigentlichen Gehörnerven vereinigen. Außer diesen „Kugelschale-Sinnesstiften" (St 1) gibt es vorne einige andere (St 2), die direkt nach hinten gegen die Fußplatte weisen (Abb. 80).

Will man jetzt wissen, wie dieses Organ wirkt, kann man die gewöhnlichen zwei Wege einschlagen: man kann die elektrischen Impulse im Nerven bei Schallreiz auffangen, und man kann die Reaktion der Tiere beobachten. Beide Wege sind begangen worden; aber man kann nicht sagen, daß die Antwort unzweideutig wäre.

Zuerst die elektrophysiologischen Untersuchungen, die nur Tischner ausgeführt hat (1953), und zwar an *Anopheles subpictus* in Indien. Er führte die eine Elektrode in den Pedicellus ein und die andere einfach irgendwo in das Tier, aber es ist ihm klar, daß er dadurch nicht notwendigerweise den Hörnerven getroffen hat. Nichtsdestoweniger erhielt er deutliche Aktionspotentiale, wenn er die Mücke mit Schallwellen reizte. Die größte Empfindlichkeit fand er bei 380 Hz; sie war ebenso fein wie die unsrige bei 1000 Hz. Die Aktionspotentiale waren mit der Frequenz des Reizes synchron, wenn diese über etwa 400 Hz war, aber unter diesem Wert geschah eine Verdoppelung der Potentiale. Er denkt sich nun, daß die Schallwellen, über die Haare der Geißel verstärkt, die Fußplatte in Schwingungen versetzen, die an die Sinnesstiftchen weitergeführt werden, entweder nur an St 1 oder sowohl an St 1 als auch an St 2, in welchem Falle wir die

132

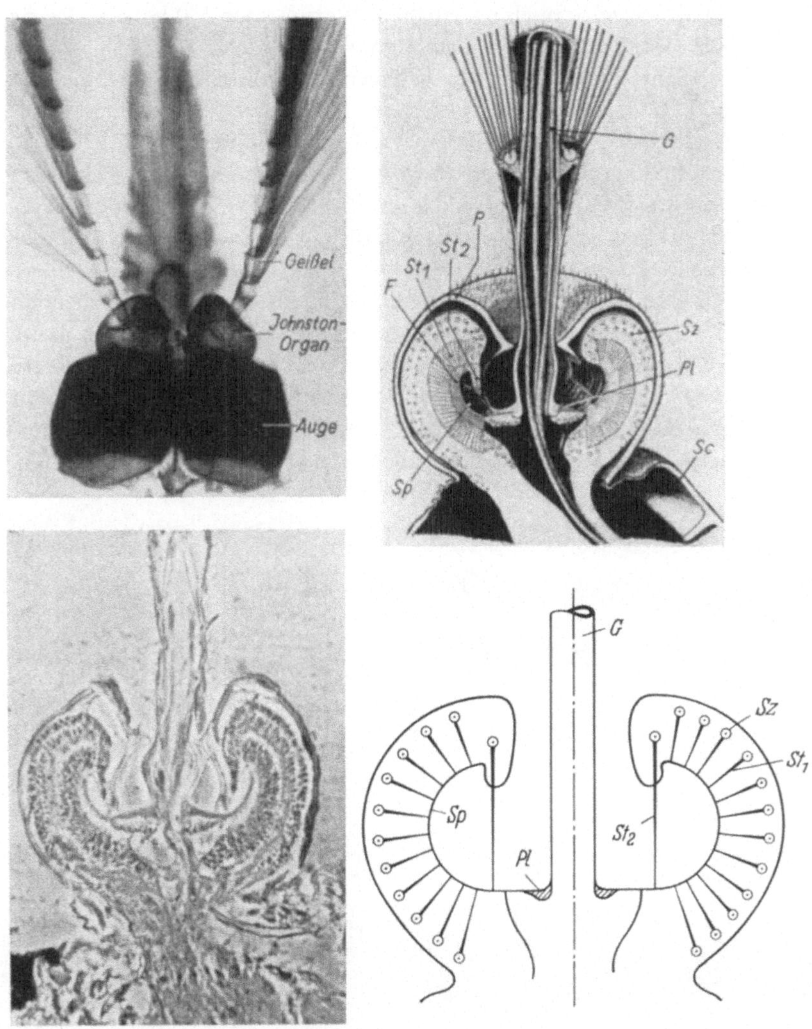

Abb. 80. Das Hörorgan in den Fühlern eines Mückenmännchens. Links oben der Kopf mit Fühlern und Johnstonschem Organ im zweiten Fühlerglied. Links unten ein Schnitt durch das Johnstonsche Organ, in der Abbildung oben rechts schematisch. G ist die Geißel, P der Pedicellus, Sp eine Chitinstütze und Pl die Fußplatte. Die Sinneszellen sind Sz, ihre Fäden F und die Sinnesstifte St₁ und St₂. Die Abbildung rechts unten zeigt die wahrscheinliche Wirkungsart. Nach Tischner

Frequenzverdoppelung erhalten. Warum aber 380 Hz die Grenze für diese Verdoppelung sind, wissen wir nicht.

Sehr wesentlich ist es dagegen, daß die Empfindlichkeit bei 380 Hz besonders hoch ist, denn das ist gerade der Flugton des Weibchens. Und bei dieser, wie bei allen untersuchten Mücken-Arten, liegt der Flugton des Weibchens ein paar Hundert Hz unter dem des Männchens, so daß er also für das Summen des Weibchens weit empfindlicher ist als für dasjenige der anderen Männchen.

Und das ist auch von jenen, die die Reaktionen der lebenden Tiere untersucht haben, bestätigt worden, von ROTH im Jahre 1948 und WISHART u. RIORDAN 1959 sowie einigen anderen. Sie arbeiteten alle mit der Gelbfieber-Mücke, *Aëdes aegypti*, und fanden übereinstimmend, daß die Männchen von einem Ton derselben Höhe wie der des weiblichen Flugtones angezogen wurden.

Abb. 81. Die Mückenmännchen sammeln sich um eine Stimmgabel mit derselben Tonhöhe wie der Flugton des Weibchens. Nach TISCHNER

Mit einer Stimmgabel konnte ROTH alle Männchen in einem Käfig anziehen und sie sogar zur „Paarung" mit der Stimmgabel veranlassen (Abb. 81), aber das gelang den anderen nicht; sie meinen, er habe so kräftige Schallstärken gebraucht, daß der ganze Käfig in Schwingungen geriet. Mit ihren schwächeren Schallstärken konnten die anderen Forscher die Männchen anlocken, aber nur bis zu einem gewissen Abstand, dann waren *noch schwächere* Schallstärken erforderlich — immer natürlich von derselben Tonhöhe. Man hat versucht, auf diese Weise die Mücken in besonders befallenen Gegenden in Amerika zu vertilgen, indem man sie in dafür geeignete Fallen lockte, aber das Resultat war bescheiden. Man darf ja auch nicht vergessen, daß nur die Männchen auf diese Weise gefangen werden; und wenn die Männchen paarungslustig sind, dann kopulieren sie ununterbrochen tagelang, bis sie sterben; ein einzelnes Männchen kann also einen ganzen Harem vergnügen! Diese Schallfalle scheint ein problematisches Unternehmen zu sein.

Das Männchen kann also den Flugton des Weibchens hören, und auch unterscheiden, denn es scheint, als ob die Flugtöne anderer Arten Weibchen es nicht anlocken. Der Ton hat auch die größte Anziehungskraft, wenn er von einem Punkt kommt, nicht zerstreut; und ganz unerwartet: falls zwei Töne von derselben anziehenden Tonhöhe gleichzeitig aus verschiedenen Richtungen kommen, dann wirkt keiner anziehend. Nur wenn die Lautstärke verschieden ist, dann zieht der stärkere. In biologische Sprache übersetzt heißt das, daß die Männchen sich auf ein einzelnes Weibchen stürzen, nicht über einen ganzen Haufen, und haben sie zwischen zwei zu wählen, dann nehmen sie das nächste. Und sie kopulieren ebenso gern fliegend wie sitzend. Der Eifer ist gleich groß.

Nun, was hört denn ein Mückenmännchen? Es hört, was es hören muß, um seine Mission im Leben zu erfüllen. Aber mehr hört es auch nicht; umgebende Laute, wie z.B. der unfaßbare Insektenlärm der Tropennacht, müssen mehr als 100mal so stark sein wie das Summen des Weibchens, um das Weibchen für ihn zu übertönen.

Schmetterlinge und Fledermäuse

Zuletzt soll hier über etwas berichtet werden, das wohl nicht eigentlich unter die Insekten-Stimmen gehört, denn das Insekt selbst scheint nichts dazu zu sagen, aber die Angelegenheit ge-

hört doch zu der akustischen Seite des Insekten-Verhaltens. —
Und vielleicht hat das Insekt dennoch eine Stimme dabei abzugeben, wie es erst ganz kürzlich entdeckt worden ist, aber davon
erst am Schluß.

Recht viele Schmetterlinge haben Hörorgane. Die Hörorgane
sind sogar sehr schön gebaut; sie gehören dem Typus an, den
wir früher als Tympanalorgane besprochen haben. Wir können
sie leicht zu sehen bekommen, wenn wir einen unserer größeren
Eulen-Schmetterlinge nehmen, die Gamma-Eule oder das rote
Ordensband (aber lange nicht alle unsere Eulen haben diese
Organe) und den Hinterleib abdrehen. Wir sehen dann jederseits
an der Hinterfläche des Thorax zwei matt-farbige, irisierende
Häutchen; das sind die Trommelfelle des Tympanalorgans. Verschiedene Spanner haben auch Tympanalorgane, nur sitzen sie hier
an der Vorderfläche des Hinterleibs. Für einige Motten der Familie
Pyralidae gilt dasselbe.

Um die Bedeutung dieser Organe zu verstehen, müssen wir
ihren Bau etwas näher betrachten. Abb. 83 zeigt einen, ein wenig
stilisierten Schnitt durch das rechtsseitige Hörorgan. Zwei
Trommelfelle sind durch eine Chitinstütze getrennt; hinter den
Trommelfellen sind Luftsäcke (Tracheen-Erweiterungen) vorhanden, und in diesen ist das Chordotonalorgan aufgehängt.
Dieses Chordotonalorgan ist in der Tat fast so einfach, wie es sein
kann, denn es besteht aus nur zwei Sinnesstiften (ein ebenso ein-
faches Organ haben wir bei den Wasserzikaden kennengelernt),
von welchen jeder eine Nervenfaser, ein Axon, zum Brustganglion
des Schmetterlings entsendet. Den größten Teil des Weges
werden diese zwei Axone von einem dritten begleitet, das von
einer großen, direkt an der Chitinstütze liegenden Zelle kommt.
Die zwei ersten Axone werden A-Axone genannt und registrieren
den Schall, das dritte wird als B-Axon bezeichnet, und es wird vermutet, daß es den Spannungsgrad des Trommelfelles registriert.
Das klingt einfach, aber es war nicht einfach, dahinterzukommen.
Es waren die Amerikaner ROEDER und TREAT, die das durch
wunderschöne elektrophysiologische Untersuchungen aufklärten.

„Man nimmt" — eine der großen Eulen, betäubt sie, schneidet
den Kopf ab und öffnet sie — sie „lebt" dann nicht mehr, aber
ihre Nerven reagieren —, setzt eine Elektrode an den Hörnerven

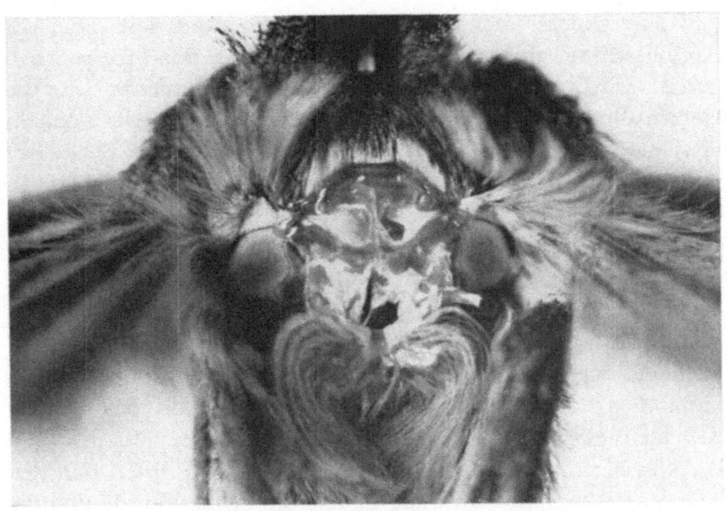

Abb. 82. Die Brust einer Gamma-Eule, *Plusia gamma*, nach Entfernung des Hinterleibes. Man sieht die vier Trommelfelle, zwei in der Mittellinie (das mittlere rechts durch die Präparation beschädigt) und zwei schräg nach außen. Orig.

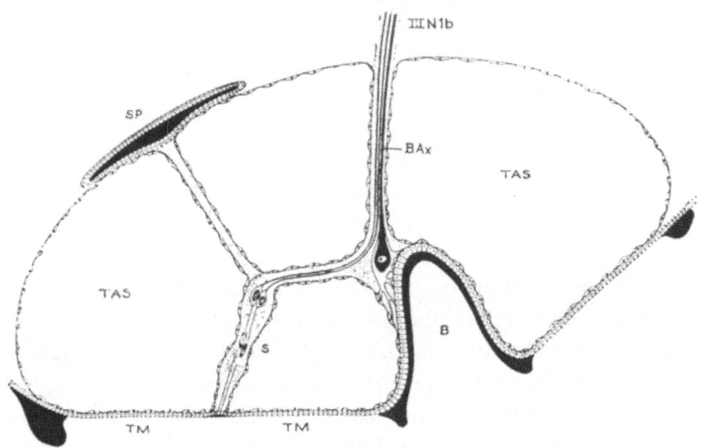

Abb. 83. Schematischer Schnitt durch das Tympanalorgan eines Schmetterlings. TM sind die Trommelfelle. TAS die Luftsäcke, III N 1 b ist der Hörnerv mit den zwei A-Axonen vom Chordotonalorgan S und das B-Axon BAx. Nach ROEDER u. TREAT

und eine andere irgendwo in den Körper, und liest dann die Aktionsströme ab, wenn das Tympanalorgan von einem Schall gereizt wird. Vieles wurde auf diese Weise entdeckt, was die Herren allmählich publizierten, was aber ROEDER in zwei Kapiteln in seinem inspirierten Buch „Nerv Cells and Insect Behavior" vom Jahre 1963 zusammenfaßt. Schon das Rasseln mit Schlüsseln oder Kleingeld gab Erfolg, denn eben diese Laute enthalten viele Obertöne, die weit über unserem Hörvermögen liegen; ROEDER und TREAT fanden, daß das Organ auf Tonhöhen von etwa 3000 Hz bis jedenfalls mehr als 150000 Hz anspricht, am besten auf Laute von 50000—70000 Hz. Je stärker der Laut, desto mehr Ausschläge (Spikes), unabhängig von der Tonhöhe (Abbildung 84). Und unabhängig von all dem, mit einer zähen Regelmäßigkeit, trat ein anderer größerer Spike auf, der vom B-Axon herrühren mußte. Die anderen Spikes rührten von den A-Axonen her, und sowie die Lautstärke größer wurde und die Ausschläge schneller aufeinander folgten, wurden sie zweigipfelig; ein Ausdruck dafür, daß zuerst das eine, dann beide A-Axone reagierten. Mit anderen Worten, die Schwelle für Lautstärke liegt höher in der einen A-Zelle als in der anderen. Die Reaktionszeit, die Zeit zwischen Reiz und Ausschlag, wurde auch kleiner, je stärker der Laut war. — Die andere Serie von Spikes, die des B-Axons, versuchte man auf allen möglichen Wegen zu ändern, die B-Zelle fuhr unverdrossen und unwandelbar fort, bis man versuchte, ein wenig an dem Häutchen der Tracheenblase zu ziehen; darauf reagierten sie. Vermutlich soll sie registrieren, ob das Trommelfell für das bestmögliche Hören genügend gespannt ist.

Warum haben nun die Schmetterlinge so feine Hörorgane, wenn sie im allgemeinen, so viel man weiß, stumm sind? Die Möglichkeit einer Erklärung hatte man erst, als die Orientierungslaute der Fledermäuse um das Jahr 1940 entdeckt wurden — obgleich man schon vor fast 100 Jahren die richtige Lösung erraten hatte. Jetzt wissen alle, daß die Fledermäuse „Radar (oder eher Sonar) haben", daß sie Laute mit sehr hohen Frequenzen aussenden und sich mit dem Echo dieser Laute orientieren. Auf welche Weise ist noch zum großen Teile ungeklärt, aber das geht uns hier nichts an. Für uns ist der springende Punkt, daß

die Fledermäuse vorwiegend von Schmetterlingen leben; und
was war denn näherliegend als der Gedanke, daß die Hörorgane
darauf „berechnet" waren, die Orientierungstöne der Fledermäuse aufzufangen. Die Deutschen SCHALLER und TIMM kamen

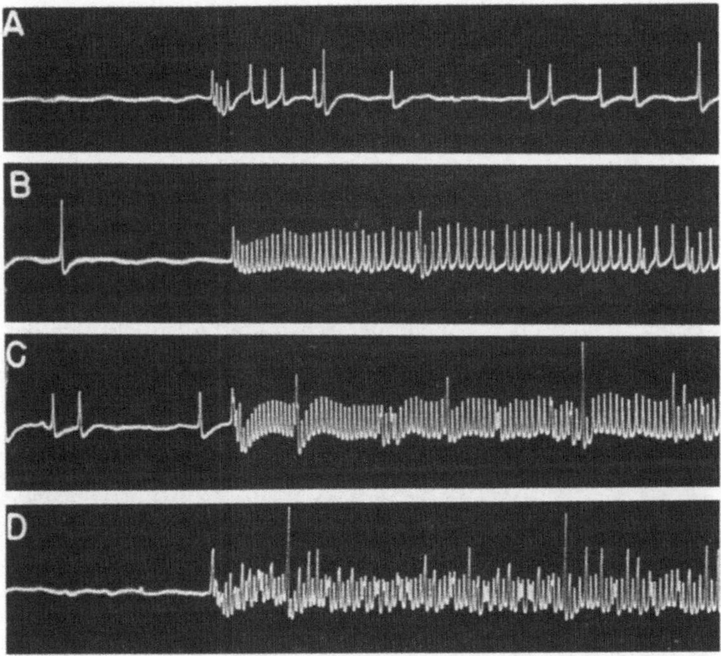

Abb. 84. Aktionspotentiale im Hörnerven eines amerikanischen Schmetterlings, *Prodenia eridania*, beim Reiz mit einem Ton von 40 kHz, am schwächsten
in A, am stärksten in D, wo beide A-Axone ansprechen, wie die zweigipfeligen
Ausschläge zeigen. Die sehr langen Spikes rühren vom B-Axon her. Nach
ROEDER u. TREAT

schon 1950 auf diesen Gedanken und konnten ihn auch beweisen;
und seitdem haben die beiden Amerikaner die ganze Frage verfolgt und vertieft, sowohl auf elektrophysiologischem Wege als
auch durch direkte Beobachtung.

Sie brachten ein Nervenpräparat wie das eben beschriebene,
auf einem Felde an, wo die Fledermäuse auf ihrer nächtlichen
Insektenjagd flogen. Und was sahen sie? Sie „sahen" an den

139

Aktionsströmungen der Nerven, was sie weder unmittelbar sehen noch hören konnten, die Orientierungslaute der Fledermäuse, ob ihr Flug näher oder ferner war; ja, auch ob sie einen anderen Schmetterling erhaschten, konnten sie ablesen. Ein merkwürdig unwirkliches und bezauberndes Gefühl, sagen sie. Aber sie wollten ja auch selbst ein bißchen von dem Geschehen sehen, und dazu war nur folgendes erforderlich, sagt ROEDER: ein Feld wo Fledermäuse fliegen, eine 100-Watt-Lampe, und große Mengen von Geduld und Mückenöl. Und die Beobachtungen bestätigten vollauf die Vermutungen: die Schmetterlinge reagierten deutlich auf die Gegenwart der Fledermäuse, wenn auch die Orientierungstöne ja nicht zu hören waren. Um die Reaktion der Schmetterlinge besser sehen zu können, ersetzte man die Fledermäuse durch ein Instrument, das ebenso hohe Töne hervorbringen konnte, und photographierte dann den Flug der Schmetterlinge. Das Resultat zeigt Abb. 85. Wenn der Schall kräftig ist, läßt sich der

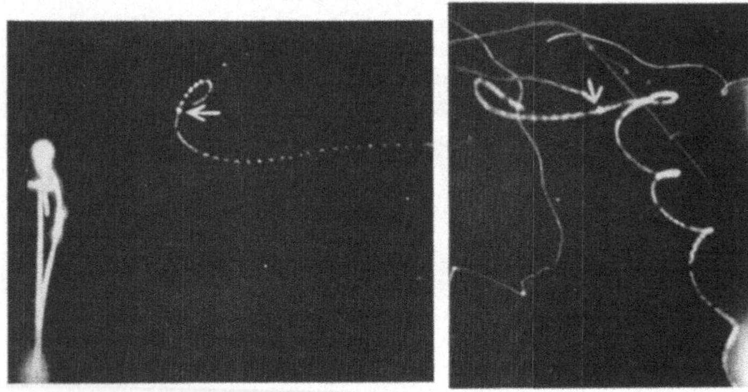

Abb. 85. Die Reaktion des Schmetterlings, wenn der ultrasone Laut einsetzt (am Pfeil). Im linken Bild ist der Laut schwach, und der Schmetterling fliegt davon, im rechten ist er kräftig, und der Schmetterling läßt sich zur Erde fallen. Nach ROEDER

Schmetterling direkt oder in Kreisen zu Boden fallen (H); ist der Laut schwach, fliegt er einfach davon (D). Biologisch ausgedrückt: ist die Gefahr gerade über dem Kopf, kommt es nur darauf an, irgendetwas Schnelles zur Rettung zu tun, ist die Gefahr noch ferne, kann man sich vielleicht durch Wegfliegen retten. Und es hat sich gezeigt, daß das Schmetterlingsohr übermäßig empfindlich ist, weit mehr als unsere feinsten Mikrophone; es fängt an, die Fledermaus zu registrieren, wenn sie noch 30—40 m weg und 6—7 m über der Erde ist.

Daß der Schmetterling wie gesagt entweder durch Sich-fallenlassen oder Wegfliegen reagiert, hängt auch damit zusammen, daß er zwei Ohren hat, und daß er unterscheiden kann, welcher Laut auf welches Ohr fällt. Das zeigt sich deutlich in Abb. 86, wo die Aktionspotentiale als Antwort eines „Fledermaus-Geschreies" in beiden Ohren gleichzeitig aufgezeichnet sind. In Abb. 86 A sieht man, daß die Reaktion früher in dem Nerven der einen Seite kommt als in dem der anderen, und daß der Laut auch entsprechend stärker registriert wird, daß das aber schnell ausgeglichen wird, wenn die Fledermaus näher kommt. Abb. 86 B und C zeigen ebenfalls, daß erst das eine Ohr anspricht, dann beide.

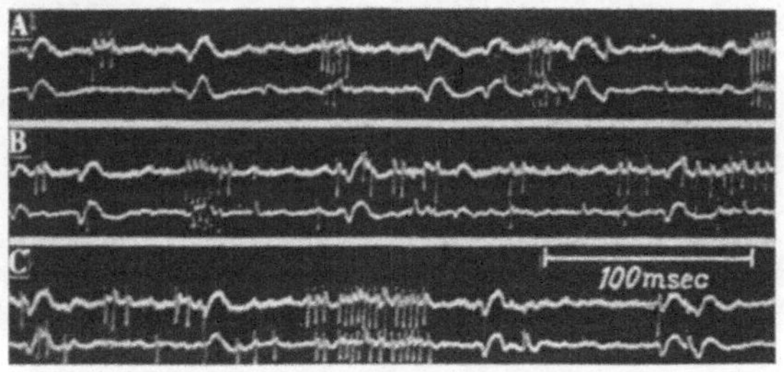

Abb. 86. Aktionspotentiale in den Tympanalnerven beider Seiten, nach dem Schrei der Fledermaus. In A nähert sich die Fledermaus, in B wird sie mit dem einen Ohr registriert, in C mit beiden. Nach ROEDER u. TREAT

Auf diese Weise kann der Schmetterling in der Tat vernehmen, von wo der Laut, d.h. die Fledermaus, kommt. Da der Zeitunterschied ja unfaßbar klein ist (etwa 0,04 ms), ist es wahrscheinlich die Lautstärke, die der Schmetterling wahrnimmt.

All dies war nun die Sache von seiten des Schmetterlings gesehen, aber sie kann ja auch vom Standpunkt der Fledermaus betrachtet werden. Sie muß ja den Schmetterling erhaschen; und wie viel kann sie durch ihre Lotung erfahren? Auch auf diese Frage ist ROEDER (1963) näher eingegangen, und Abb. 87 zeigt eines der Resultate. Links ist ein Oszillogramm eines Hochfre-

quenz-Signals (das der Fledermaus nachahmend) angegeben sowie
sein Echo, wenn der Schmetterling die Stellung einnimmt, die
das Photo rechts angibt. Wenn die Flügel oben sind, ein großes,
oder in gewissen Fällen sogar ein sehr großes Echo; wenn sie
auf dem Wege nach unten sind, ein kleines oder verschwindendes.
Ganz genau wissen wir nicht, welche Bedeutung dies für die
Fledermaus hat; aber es ist deutlich, daß ihre Lotung ihr erlaubt,
auch ganz kleine Unterschiede in den das Echo reflektierenden
Gegenstände zu „notieren". Wie eine solche Lautwelt, unserer

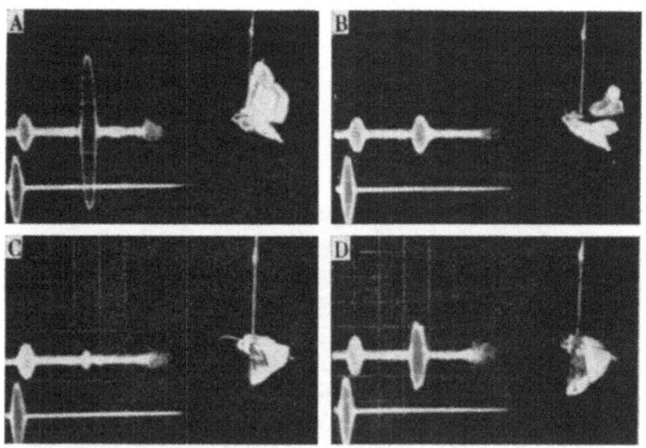

Abb. 87. Von dem Standpunkt der Fledermaus gibt der Schmetterling ein
verschiedenes Echo, je nach der Flügelstellung. Links Oszillogramme (oben)
des abgegebenen Lautes und danach das Echo bei der rechts in der Abbildung
angegebenen Flügelstellung. Nach ROEDER

Lichtwelt entsprechend, sich im Fledermaus-Gehirn ausnimmt,
haben wir, einstweilen jedenfalls, keine Möglichkeit uns vor-
zustellen.

Fast alle diese Versuche sind an Eulen gemacht worden;
erst vor kurzem hat man sie auf die oben erwähnten Pyraliden
übertragen, aber mit einem schönen praktischen Resultat (BELTON,
1962). Der berühmte Corn-borer, *Pyrausta nubilalis*, einer der
schlimmsten Schädlinge des Maises, hat nämlich wohlentwickelte
Tympanalorgane und ist auch ein Beutetier der Fledermäuse.
Also versuchte man, und zwar in Canada, einen Ultralaut, für

uns unhörbar, ununterbrochen von Juni bis zur Reifung des Maises über einem Maisfeld ertönen zu lassen. Das Resultat: der Schaden war bis auf die Hälfte herabgesetzt! — So wenig an der Scholle haftende Untersuchungen, wie die hier über Stimme und Gehör der Insekten vermeldeten, können sich also plötzlich von praktischer Bedeutung zeigen.

Ich sagte anfangs, der Schmetterling selbst sei in dieser Beziehung stumm, und man möchte auch geneigt sein, es als vorteilhaft für den Schmetterling anzusehen, daß er sich hierbei lautlos verhalte. Nichtsdestoweniger hat es sich kürzlich gezeigt, daß auch in Verbindung mit Fledermäusen der Schmetterling ein Wort mitzusprechen habe. BLEST, COLLETT u. PYE haben im Jahre 1963 nachgewiesen, daß einige Arctiiden (Bärenspinner) und Syntomiden der Neuen Welt über ein Lautorgan verfügen, das ein Tymbalorgan ist, wie das der Zikaden, wenn auch anders gebaut; es besteht nämlich an den Seiten der Hinterbrust aus einer senkrechten Reihe von 10—60 sogenannten „Streifen" (striae), deren jeder ein kleines „cri-cri" ist (siehe S. 112), die aber alle durch die Kontraktion *eines* Brustmuskels zum Klicken erregt werden. Diese Klicks haben eine wechselnde Trägerfrequenz von 30—90 kHz, also in dem Bereich der Orientierungstöne der Fledermäuse; und die Bärenspinner sind auch bei Fledermäusen beliebte Beutetiere. Aber wie ist dann hier der Zusammenhang? ROEDER sagt (1965), es mute einen an, als ob der Schmetterling rufe: „Hier bin ich, versuche mich zu fangen", ein im Tierreich seltener Altruismus! Um eine bessere Erklärung zu finden haben dann er und DOROTHY C. DUNNING (1964) einige Versuche gemacht, die zeigten, daß die Fledermaus sich in der Tat vom Schmetterlingsruf erschrecken läßt, aber warum? Das ist weiterhin noch die Frage.

Warum singen die Insekten?

Ja, das dürfte wohl aus dem, was wir gehört haben, hervorgegangen sein. Aber es ist möglich, es ein bißchen zu systematisieren und vielleicht dadurch dem Verständnis ein wenig näher zu kommen, wie der Insektengesang überhaupt entstanden ist. Wir wollen ja immer so gerne alles „verstehen" (von außen gesehen), was selbst uns so fern stehende Geschöpfe wie die Insekten treiben; dann und wann kann es allerdings nützlich sein, innezuhalten und sich zu fragen, wie Dumortier (1963) es tat, warum wir mit aller Gewalt eine „Erklärung" von der „Bedeutung" des Gesanges der Insekten haben müssen, wenn es uns nicht einfällt zu fragen, mit welcher „Bedeutung" die Maus schreit, wenn die Katze sie fängt! Dies nur als Nebenbemerkung; das Mausegeschrei findet wohl auch mal seine „wissenschaftliche" Erklärung.

Am wenigsten wissen wir eben um das Verhältnis zu den Feinden. Das ist ebenso leicht zu postulieren wie schwierig zu beweisen: die Bockkäfer knarren um die Verfolger zu verjagen, das abgeschnürte Bein vom Tausendfüßler liegt da und macht Lärm, damit das restliche Tier sich in Sicherheit bringen kann (Cloudsley-Thompson, 1961), der Totenkopf brüllt, damit der Feind in überraschtem Schreck sich zurückzieht, die Schmetterlingspuppe striduliert um die Schmarotzer fernzuhalten usw. — wir haben keine Ahnung, ob dies alles richtig ist. In den ganz wenigen Fällen, wo man an die Frage etwas näher herangerückt ist, hat man andere und bessere Erklärungen gefunden. Bis auf weiteres sind wir auf sicherstem Boden, solange wir hierüber sagen, daß wir nichts wissen; wir haben deshalb auch keine Grundlage für Spekulationen über das Entstehen des Gesanges durch Selektion: die am meisten erschreckenden seien die am besten beschützten (siehe z.B. Blest, 1964). Alles dergleichen ist vorläufig reine Phantasie.

Dagegen ist das *Gehör* natürlich gegen Feinde wie gegen Freunde gerichtet, besonders wenn die Freunde selber stumm sind; das vorige Kapitel gab ja davon ein schön und überzeugend durchgearbeitetes Beispiel.

Etwas anderes ist es, daß diese Schrecklaute oder Angstschreie oder Warngesänge, wie man sie nun zu nennen bevorzugt, für andere Individuen derselben Art Bedeutung haben können. Wir erinnern uns, daß wenn wir eine Singzikade aus einer lärmenden Gemeinde herausfingen und sie den „Schrecklaut" abgab, die ganze Gemeinde verstummte. Das ist sozusagen das Signal: Gefahr von anderen; aber sowohl der Warngesang der Laubheuschrecken als auch der Rivalengesang der Feldheuschrecke usw. sind ja ähnliche Signale, die bloß bedeuten: Gefahr von mir!

Ein anderes Ziel hat der Spontan- oder Lockgesang, nämlich anzulocken, sei es zu demselben oder dem anderen Geschlecht derselben Art. Der „Gemeindegesang" der Zikaden hat ja zum Zweck, die Männchen zusammenzuhalten, worauf die Weibchen einen großen Wert zu legen scheinen, während der Spontangesang der Orthopteren unmittelbar auf die Weibchen zielt. Auf der anderen Seite ist es der Flugton des Weibchens, der das Mückenmännchen zur Tat herausruft; und bei den Wasserzikaden ist es der männliche Gesang, der die Weibchen zu Bewegungen aktiviert, die wieder auf die Männchen anlockend wirken.

Das letzte Beispiel ist ein wenig komplizierter und nähert sich dem dritten Typus, nämlich dem Werbegesang. Hier ist der Zweck nicht, das Weibchen anzulocken, das ist schon geschehen, wenn dieser Gesang beginnt, sondern es in Stimmung für die Paarung zu bringen; oder besser ausgedrückt es zur Begattung zu bringen, denn falls es nicht schon in Stimmung ist, erreichen wir dieses Stadium gar nicht. Der Werbegesang ist folglich der wesentlichste der Gesänge, und er muß an sich nur auf eigene Artgenossen zielen. Aber eben darum bekommt er noch ein Ziel, nämlich andere Arten fernzuhalten; und das ist ein sehr spannendes Kapitel in der Forschung des Insektengesanges, nämlich zu welchem Grade der Gesang als Art-Barriere wirkt, zum Verhüten einer Paarung zwischen verwandten Arten.

Man sieht aus alldem, daß alle drei Gesangstypen eigentlich auf „Freunde" sowohl wie „Feinde" zielen, auf eigene Artgenossen und andere; man übt deshalb ein wenig Gewalt auf die Natur aus, wenn man (besonders LESTON) so scharf zwischen „extraspezifischen" und „intraspezifischen" Gesangstypen hat sondern wollen. Derselbe Gesang kann Freunde anlocken und Feinde warnen; er kann aber auch Freunde warnen und noch intimere Familienbänder behaupten als Artgenossenschaft! Die oben angedeutete Dreiteilung scheint mir deshalb eine bessere Grundlage abzugeben für weitere Betrachtungen.

Und hier kommt also die Frage von der „Art-Barriere" ins Bild. Auf welche Voraussetzungen kann man bauen? Ja, am meisten weiß man von Heuschrecken und Grillen, obgleich

HILDEGARD STRÜBING im Jahre 1963 und später den Gesang von Bastarden zwischen Kleinzikaden untersucht hat; und es begann mit der Erfahrung, daß Arten die fast nicht zu unterscheiden waren, sich leicht nach dem Gesang erkennen ließen. Um weiter zu kommen hat man zwei Wege befolgt. Der eine ist, Bastarde zwischen zwei solchen Arten zu bilden und dann ihren Gesang mit dem der Eltern zu vergleichen; der andere ist den Gesang bei einer sehr großen Anzahl verwandter Arten zu vergleichen.

Den ersten Weg betrat PERDECK (1957), der Bastarde zwischen den zwei sehr nahe verwandten Feldheuschreckenarten *Chorthippus brunneus* und *biguttulus* machte. Solche Bastarde sind in der Natur sehr selten, aber sie ließen sich einfach machen, wenn er ein Männchen der „richtigen" Art singen ließ (er sagt aber nicht, welchen Gesang), während das „verkehrte" Männchen kopulierte. Wenn solche Bastard-Männchen sangen, dann reagierten die Bastard-Weibchen, aber keine der Eltern-Weibchen; der Gesang war auch selbst für das menschliche Ohr sehr verschieden. Dagegen reagierten die Bastard-Weibchen auf den Gesang der Eltern-Männchen wie auf den der Bastard-Männchen. Schon dies zeigt ja deutlich, daß der Gesang im allgemeinen die Bastardierung in der Natur verhindert; und sollten Bastarde dennoch vereinzelt vorkommen, ist eine Befruchtung der Mutterarten so gut wie ausgeschlossen. Und daß gerade dem Gesang diese wichtige Rolle zukommt, zeigte PERDECK in Versuchen mit der Einwirkung anderer Faktoren in Verbindung mit Geruch, Gesicht, Gefühl, auf die Bildung von Bastarden; aber über diese Sinne fand er fast nie Eigenschaften, die die Arten untereinander charakterisierten und sie deshalb gesondert halten konnten.

PERDECK ging von drei theoretischen Voraussetzungen dafür aus, daß die Insekten sich nach dem Gesange erkannten. Erstens, daß die Werbegesänge verschiedener wären als die Lockgesänge. Zweitens, daß nahe verwandte Arten oft sehr unterschiedliche Gesänge hätten. Und drittens, daß nahe verwandte Arten doch fast ähnliche Gesänge haben könnten, falls sie entweder nicht an denselben Stellen lebten (allopatrisch waren) oder zu sehr verschiedenen Jahreszeiten in Erscheinung traten; dagegen nicht, wenn sie beisammen lebten (sympatrisch waren) und gleichzeitig auftraten.

Auf diese Voraussetzungen, die sich ja nicht durch die Versuche von Perdeck aufklären ließen, sind Alexander und seine Mitarbeiter näher eingegangen, besonders deutlich in Alexanders Artikel vom Jahre 1962, der zwar nur von Grillen handelt, aber auf einem Vergleich von 90 Arten aufbaut. Es zeigte sich, daß die größten Verschiedenheiten in der Tat im Aufbau des Lockgesanges zu finden waren, Anzahl der Impulse, bzw. Chirps pro Sekunde, ihre Verteilung, ihre Stärke usw.; die Variationsmöglichkeiten sind legio. Und es ist ja auch ganz natürlich, daß eben der Lockgesang die größten Möglichkeiten aufweist, denn er wirkt ja aus weitester Entfernung und ist also das erste „Signal", mit dem ein Männchen sich zu erkennen gibt. In Gegenden wo viele verwandte Arten beieinander sind — und das gilt nicht nur den Grillen, sondern auch Heuschrecken und Zikaden — findet man die kompliziertesten Spontangesänge. Und wenn es vorzugsweise Europäer sind, die die Feldheuschrecken studiert haben, die Amerikaner dagegen Laubheuschrecken und Grillen, so wie es aus dem, was wir in den ersten Kapiteln dieses Buches hörten, hervorgegangen sein wird, dann hängt das damit zusammen, daß wir hier die vielen Gesänge der Feldheuschrecken im Sommer und Herbst hören, denn Europa ist der Weltteil der Acridier, wogegen die Laubheuschrecken und Grillen in Amerika den größten gesanglichen Ideenreichtum entfaltet haben.

Aber der frappanteste Beweis ist doch, daß man Arten, um ein Beispiel zu nehmen, aus Europa, Nordamerika und Bermuda kennt, die ganz ähnlich singen, selbst in allen ihren Gesangstypen; das können sie sich erlauben, denn sie haben nie eine ehrliche Chance zusammenzukommen und durch den Gesang verwechselt zu werden. Und Alexander erwähnt weiter zwei amerikanische Arten, die an derselben Stelle leben und ähnlich singen, aber die eine ist eine Frühlingsart, die andere im Herbst zu finden; auch sie werden nie Verwechselungen ausgesetzt sein.

Kein Zweifel also, daß die Insekten singen um die Art aufrecht und rein zu erhalten. Aber die vielen anderen Insekten, die nicht singen, sie halten auch ihre Art rein. Wie kann man sich dann denken, daß einige auf die Idee kamen, zu singen? Diese Frage gibt der Phantasie reichlich Material zum Arbeiten.

Die Entstehung des Gesanges. Einige Theorien

Das Stridulationsvermögen ist mehrere Male entstanden. Wenn man bedenkt, auf wie vielen Körperteilen Stridulationsorgane vorkommen, und auch wie wenig Zusammenhang zwischen der uns bekannten Verwandtschaft der Arten und dem Bau ihrer Stridulationsorgane zu finden ist, dann ist es einleuchtend, daß dieses Vermögen unzählige Male unabhängig voneinander entstanden sein muß. LESTON (1957) meint z.B., es sei bei Land-Wanzen allein 18mal entstanden, und diese Zahl ist wohl eher zu niedrig als zu hoch. Über die meisten dieser Organe wissen wir aber höchstens, daß sie Laute abgeben, selten etwas eingehenderes über ihre biologische Bedeutung; und eigentlich wissen wir nur über die Grillen und Heuschrecken genug, um darauf Spekulationen aufbauen zu können.

Schon vor langer Zeit hat man sich die Frage gestellt: was kam zuerst in der Entwicklung, der Gesang oder das Gehör? Das hat zwar eine etwas komische Ähnlichkeit mit dem uralten philosophischen Problem: was wurde zuerst geschaffen, das Ei oder das Huhn? Aber selbstverständlich konnte das Gehör bei den Orthopteren rein theoretisch von Bedeutung sein, wenn sie auch selbst nicht sangen, so wie wir das von den Schmetterlingen kennen. Und das war es, was ZEUNER sich dachte, als er (1934, 1939) fand, daß die ältesten ihm bekannten Orthopteren, aus dem Karbon und dem Perm, Hörorgane an den Schienen hatten, aber keine Stridulationsorgane an den Flügeln. Gerade das Entgegengesetzte liest man in der neuesten russischen Insekten-Paläontologie vom Jahre 1962, wo SHAROV hervorhebt, daß die Oedischiiden aus dem Karbon und dem Perm Gesangsorgane an den Flügeln „im Anfangsstadium" haben können, aber keine Gehörorgane. Zu solch gegenläufigen Resultaten kann die Paläontologie führen, schon weil die Funde sparsam sind und, noch schlimmer, die Tiere selten vollständig gefunden werden. Die Wahrheit ist wohl, was ANDER (1939) hervorhebt, daß der Gesangapparat und der Gehörapparat in Ausbildung und Reduktion so genau zusammenfallen, jedenfalls bei den jetzt lebenden Formen, daß man sich nicht wohl denken kann, sie seien unabhängig voneinander entstanden — ebensowenig wie das Ei und das Huhn!

Zeuner dachte sich, daß das Stridulationsvermögen der Heuschrecken in Verbindung mit dem Fluge entstanden sei: während des Fluges geschah es, daß sie die Vorderflügel gegeneinander rieben. Komischerweise ist derselbe Gedanke auf ganz anderer Grundlage von Huber (1962) dargelegt worden. Man wird sich vielleicht erinnern, daß er die Feldgrille am Rücken aufhängte und ihr einen Korkball zwischen die Beine als „feste Erde" gab (S. 87). Wenn er ihr jetzt einen Luftstrom gegen den Kopf blies und den Ball entfernte, dann hob sie die Flügel und begann mit Flugbewegungen (Abb. 88). Aber eine Feldgrille fliegt normaler-

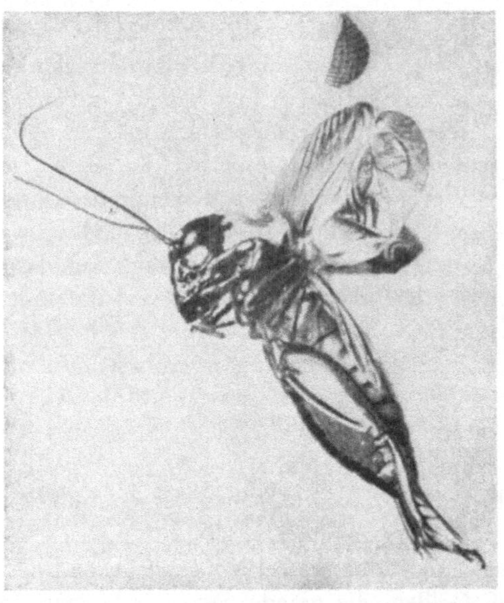

Abb. 88. Künstlich hervorgebrachte Flugbewegungen einer Feldgrille.
Nach Huber

weise nie. Und ferner zeigte es sich, daß die Flugbewegungen denselben Rhythmus hatten wie die Flügelbewegungen während des Gesanges, sich, jedenfalls teilweise, derselben Muskeln bedienten, und noch dazu von denselben Gehirnzentren reguliert wurden,

nur daß der Gesang unter stärkerer Kontrolle (Flügelstellung, Impulsrhythmus) steht; der Gesang ist eine Art
rhythmischer Unterbrechung der kontinuierlichen Flügelbewegungen, sagt er. Und am schönsten war es vielleicht,
daß er dieselben Gesang- und Flugbewegungen beim Weibchen hervorrufen konnte, das normalerweise weder singt noch
fliegt!

Daß die Entstehung des Gesanges, jedenfalls bei Grillen und
Laubheuschrecken, irgendwie mit ursprünglichen Flügelbewegungen Verbindung habe, ist ja ein naheliegender Gedanke — wie
es bei den Feldheuschrecken vor sich gegangen ist, hat anscheinend niemand versucht, herauszufinden. ALEXANDER (1962) baut
hierauf eine andere Gedankenfolge auf. Es ist wahrscheinlich,
daß einer der vielen Gesänge einer Grille der ursprüngliche sei,
woraus sich die anderen entwickelt haben, und dies müsse der
Werbegesang sein. Besonders findet er, daß der Spontangesang
mit allen seinen Variationsmöglichkeiten aus dem weniger
spezialisierten Werbegesang entstanden sein müsse, und hier weist
er auf etwas sehr Wesentliches hin. Es ist nämlich während der
Entwicklung zu neuen Arten nicht genug, daß das Männchen
seinen Gesang ändert, das Weibchen — und die anderen Männchen — müssen *gleichzeitig* ihre Empfänglichkeit ändern. Folglich
muß die neuschaffende Änderung irgendwo im Zentralnervensystem stattfinden, wo der Gesang und die Empfänglichkeit
gleichzeitig geändert werden können. ALEXANDER geht somit
davon aus, daß das Gesangbild etwas Angeborenes ist, und nicht
etwas, das die Art jedesmal von neuem lernen muß, wie jedenfalls
bei gewissen Vogelgesängen. Dasselbe tut auch HUBER in seiner
letzten Abhandlung vom Jahre 1965. Aber ALEXANDER hat doch
gesehen, daß Grillen, die gerade nach der letzten Häutung auf
ein Weibchen losgelassen wurden, anfangs ziemlich unbeholfen
sangen und deshalb auch ohne rechten Erfolg. Und HASKELL
hat bemerkt, daß „Kaspar Hauser-Männchen“, wie er sie nennt,
wenn sie isoliert aufgewachsen sind, zwar normal singen können,
es aber nicht gerne tun, ehe sie mit anderen Sängern zusammen-
gewesen sind. Und macht man Grillen *(Oecanthus)* taub als
Larven, dann bleiben sie als Erwachsene stumm. Wie vieles im
Insektengesang, in casu Orthopterengesang, mitgeboren ist und

wie vieles angelernt, wissen wir tatsächlich noch nicht hinlänglich, und das ist ja wesentlich, wenn wir über die Entwicklung im Gesang der Arten spekulieren wollen.

Daß der Werbegesang der ursprünglichere ist, ist aber ein natürlicher Gedanke, zumal er im entscheidenden Augenblick wirkt. Dies setzt ALEXANDER in Verbindung mit dem ganzen Verlauf der Werbung und der Balz, die ja viele andere Ingredienzen enthalten als den Gesang. Unter anderem gehört es oftmals mit hinein, daß die Männchen mittels des Duftes einiger Drüsen am Rücken das Weibchen stimulieren müssen. Wie man sich erinnern wird, muß bei der Grille das Weibchen vor der Begattung das Männchen besteigen. Und die Flügelbewegungen konnten einfach einen Versuch darstellen, diesen Duft zum Weibchen zu bringen, und nach und nach wurden diese Bewegungen dann von Lauten begleitet.

Dies mit den Drüsen ist etwas Merkwürdiges, denn oftmals ist es nicht allein der Duft, der das Weibchen stimulieren muß, sie muß geradezu vom Sekret fressen, ja, bisweilen muß sie sogar von den Flügeldecken in der Nähe der Drüsen selbst fressen, um in die richtige Stimmung zu geraten. Und das gilt nicht nur bei Grillen, sondern auch bei Laubheuschrecken und sogar Schaben und einigen Käfern. Daß die Weibchen Teile ihrer Partner vor oder nach der Begattung fressen müssen, kennen wir ja sonstwo unter den Insekten (und Spinnen); am besten wohl bei den Fangschrecken, und hier hat man gar einen Sinn darin gefunden (ROEDER, 1963). Es stimuliert nämlich das Begattungsvermögen des Männchens, wenn das Weibchen an ihm ein wenig knabbert. Sie beginnt immer, ihn von vorne zu fressen; und ist sie gescheit genug, vorerst den ganzen Kopf fressen zu können, dann ist ihr Glück gemacht, denn ein kopfloses Männchen kopuliert hemmungslos. Grob gesagt befindet sich nämlich im Gehirn ein hemmendes Zentrum (vgl. S. 89), und wenn das weg ist, ist er nicht zu zügeln!

Um zu den eben erwähnten Drüsen zurückzukehren, so könnte man sich denken, daß der erste Werbegesang als ein Versuch entstand, das Weibchen auf sie aufmerksam zu machen um sie derart zu stimulieren — alles äußerst menschlich ausgedrückt — um das Faktum zu verdecken, daß wir tatsächlich nichts darüber wissen*. Aber ALEXANDER (1963) ist auf diesem Weg der Theorien noch weiter gegangen, indem er dadurch überhaupt das Entstehen der geflügelten Insekten erklären will. Nämlich durch die folgende Überlegung: um auf diese Drüsen aufmerksam zu machen, entstanden an den Seiten der Brust einige Auswüchse, und da sie nun einmal da waren, entdeckte das Tier, daß man auch damit fliegen könne! Ob diese, wie er selber gesteht, leicht hingeworfene Idee sich ausbauen läßt, wird die Zukunft zeigen; aber hiermit sind wir wohl auch so weit auf den Anger der Theorien gekommen, daß man mit einer leichten Umschreibung eines dänischen Sprichwortes sagen kann, die Frage von den Insektenstimmen könne zu allem führen, wenn man sie beizeiten verläßt!

---

* R. H. BARTH hat übrigens im Jahre 1964 bei einer Schabe, *Byrsotria fumigata*, nachgewiesen, daß die Weibchen Duftdrüsen haben, und wenn das Männchen, davon angelockt, ihr ganz nahe kommt, macht es einige rhythmische, aber stumme „Werbebewegungen" mit den Flügeln, 1—2mal in der Sekunde.

Literatur

Schrifttum bis 1964 in:

BUSNEL, R.-G. (ed.): Acoustic behaviour in animals. Amsterdam: Elsevier 1963.

FRINGS u. FRINGS: Sound production and sound reception by insects, a bibliography. Pennsylvania: Pennsylvania State University 1960.

HASKELL, P. T.: Insect sounds. London: Witherby 1961.

TUXEN, S. L.: Insekt-Stemmer. København: Rhodos 1964.

Ferner:

FRISCH, K. v.: Tanzsprache und Orientierung der Bienen. Berlin-Heidelberg-New York: Springer 1965.

HOWSE, P. E.: The significance of the sound produced by the termite Zootermopsis angusticollis. Anim. Behaviour 12, 284—300 (1964).

HUBER, FRANZ: Aktuelle Probleme in der Physiologie des Nervensystems der Insekten. Naturwiss. Rundschau 1965, 143—156.

MICHELSEN, AXEL: Pitch discrimination in a locust: based on observations of single sense cells. J. Insect Phys. 12 1966, 1119—31.

ROEDER, KENNETH D.: Moth and ultrasound. Sci. Amer. April 1965, p. 94 to 102.

STRÜBING, HILDEGARD: Das Lautverhalten von Euscelis plebejus Fall. und Euscelis ohausi Wagn. (Homoptera-Cicadina). Zool. Beitr. N. F. 11, 289—342 (1965).

SUGA, NOBUO: Central mechanism of hearing and sound localization in insects. J. Insect Phys. 9, 867—873 (1963).

Sach- und Namenverzeichnis

Herstellung: Konrad Triltsch, Graphischer Betrieb, Würzburg